KB107699

# 우주미션
# 이야기

인공위성 만드는 물리학자
황정아 박사의

# 우주미션
# 이야기

황정아 지음

플루토

2022년은 우리나라 우주개발 역사에 기념할 만한 해가 될 것이다. 2022년 6월 21일 우리나라는 독자 개발한 한국형 발사체 누리호의 2차 시험 발사를 두 번째 시도 만에 완벽하게 성공시켰다. 우리나라는 이제 우리나라 땅에서, 우리나라가 만든 인공위성을, 우리나라가 만든 발사체에 실어서 우주로 보낼 수 있는 '우주 주권'을 획득한 일곱 번째 나라가 되었다. 물론 여전히 갈 길이 멀다. 누리호의 수송 능력은 지구 저궤도에 1.5t의 인공위성을 올려놓을 수 있는 정도이기 때문이다. 저궤도보다 훨씬 멀리 있는 정지궤도나 달 궤도에 가려면 더 많은 추력과 더 강한 엔진이 필요하다.

2022년 8월에는 우리나라의 첫 달 탐사선 '다누리'가 달을 향한 여정을 시작한다. 지금까지 지구 저궤도와 정지궤도에만 머물렀던 우리나라의 우주 영역이 달까지 넓어진 것이다. 또한 내가 만들고 있는 4기의 편대비행 위성 도요샛위성군도 2023년 초에 우주로의 여정을 시작할 예정이다.

우리나라 우주개발의 족쇄였던 '한미 미사일 지침'이 2021년 완전히 종료됨으로써 우리나라는 고체연료를 사용하는 고체 로켓을 자유롭게 개발할 수 있게 되었다. 또한 50년 만에 다시 한번 인간을 달로 보내는 탐사 프로젝트인 아르테미스 미션에 참여하겠다는 협정서에 우리나라 과학기술정보통신부 장관이 서명을 했다. 바야흐로 우리나라에 우주의 전성시대가 열린 것이다.

이처럼 우리나라 우주개발에 다양한 호재가 있지만, 그동안 제대로 준비하지 못한 까닭에 우주 탐사를 향한 도전은 여전히 가시밭길이다. 얼마 전 소행성 아포피스를 탐사하기 위해 여러 연구자가 추진한 아포피스 탐사선 프로젝트는 국가의 예비타당성조사에서 낙마하여 물거품이 되었다. 우리나라의 우주개발 중장기 계획에 애초에 포함되어 있지 않다는 이유에서였다. 하지만 2029년에 소행성이 지구의 정지궤도 안까지 근접하리라는 것을 당시 우주개발 계획을 세울 때는 알 수 없었다. 전 세계의 우주 탐사 지형은 매우 빠르게 변하고 있고, 여러 나라가 경쟁적으로 달과 화성 탐사에 도전하고 있다. 우리나라도 세계적 흐름에 발맞추어 지금부터라도 차분히 준비해야 한다.

우주 탐사의 역사는 언제나 도전과 실패의 연속이었다. 과학자들에게 실패를 허락하는 성숙한 사회가 되면 좋겠다. 한 번 실패했다고 해서 과학자들에게 책임을 물으면, 항상 안정적이고 성공이 보장된 연구만 하게 될 것이다. 이런 사회에서 진보란 있을 수 없다.

왜 지금 우주 탐사를 해야 하느냐는 질문을 많이 받는다. 지구의 다양한 사회문제를 해결하기에도 벅찬데, 굳이 천문학적 비용을 들여서 달이나 화성에 가야 하는 이유가 무엇이냐며 답을 채근한다. 경제적 활용 가치에 대해 답하라고 하면 과학자들은 곤란해 하면서도 그럴싸한 답변 여러 가지를 내놓을 수 있다. 우리가 오늘날 누리며 사는 모든 과학 문명의 결실은, 우주로 가기 위해 비용을 생각하지 않고 경쟁적으로 노력했을 때 비약적으로 발전한 과학의 결과물이라는 것을 모르는 이들이 많다. 매우 실용적이고 경제적인 활용 가능성을 제외하더라도, 우리가 가볼 수 있는 더 넓은 세상을 보여주는 일은 많은 사람에게 영감을 주고, 미지의 신세계를 동경하는 미래 세대가 새로운 도전을 꿈꿀 수 있도록 해준다. 미래 세대를 위해서는 이보다 좋은 투자가 없다.

많은 이가 우주를 동경하지만, 우주로 가는 길이 얼마나 험난한지 제대로 아는 사람은 많지 않다. 나는 그동안 우리나라의 책에서는 제대로 다룬 적이 없었던, 실제 현장에서 우주미션을 진행하는 과정에서 벌어지는 이야기들을 《우주미션 이야기》에 담았다. 독자가 우주미션에 참여한 과학자가 되어 현장에서 일한다고 생각할 수 있도록 인공위성과 로켓을 개발하는 과정을 현장감 있게 설명하기 위해 노력했다.

현장에서 인공위성을 만든 지 24년째가 되었다. 내 연구 인생에서 앞으로 얼마나 더 많은 우주미션에 참여할 기회가 주어질지 나도 잘 모르겠다. 하지만《우주미션 이야기》를 읽은 누군가와 함께 보이저를 넘어서서 더 먼 우주로 나아갈 우리나라 인공위성을 개발하는 날이 언젠가 꼭 오기를 바란다.

달–화성 탐사를 목표로 하는 세계우주기관 워크숍에서

황정아

1짱

인공위성은 로켓을 타고 날아간다

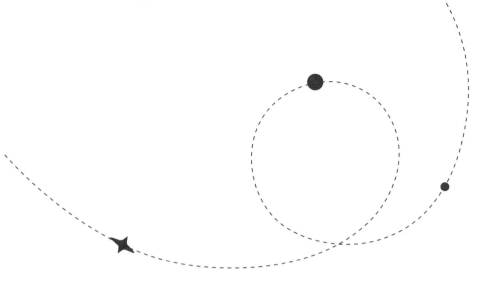

우리의 일상은 인공위성과 떼려야 뗄 수 없는 관계다. 이 관계는 날이 갈수록 더 밀접해지고 있다. 비록 인공위성 대부분은 우리 눈에 보이지 않는 곳에서 움직이고 있지만 말이다. '인공위성'은 인간이 만든 위성을 지구 등의 행성 둘레를 돌도록 로켓으로 쏘아 올린 것이다. 즉, 인공적으로 행성 주위를 회전하도록 만든 모든 물체를 뜻한다. 로켓이 대기권 밖으로 운반한 인공위성은 지구 주위를 원궤도나 타원궤도로 비행한다.

그럼 우리가 매일 밤 보는 달은 무엇일까? 지구 주위를 돌고 있는 달은 인공위성이 아니라 그냥 '위성'이다. 지구 외에도 태양계의 여러 행성이 자연적으로 생성된 위성을 가지고 있다. 화성, 목성, 토성, 천왕성, 해왕성, 명왕성 등이 위성들을 거느리고 있는데, 이 위성의 수를 합하면 약 400개나 된다.

## 인공위성과 우주선은 어떻게 다를까

현대 과학기술이 탄생시킨 수많은 인공위성이 지금 이 순간에도 지구 주위를 돌고 있다. 그런데 인공위성, 우주선, 우주 탐사선은 어떻게 다를까? 많은 사람이 이들을 자주 혼동한다. 이 책에서 인공위성과

©NASA

저궤도 인공위성의 일종인 허블우주망원경. 1990년 4월 24일 디스커버리 우주왕복선STS-31에 실려서 케네디우주센터에서 발사되었다. 근지점은 537km, 원지점은 540.9km이며, 95.42분에 한 바퀴씩 극궤도를 돈다.

로켓에 관해 설명하기 전에 각각의 뜻을 분명히 짚고 넘어갈 필요가 있다. 과학의 기본은 용어를 제대로 정의하는 데서 출발하기 때문이다.

인공위성, 우주선, 우주 탐사선 중에서 우주선이 가장 폭넓은 의미로 쓰인다. 지구 대기권을 벗어나 우주로 나가는 모든 인공적 물체를 뜻하기 때문이다. 우주선 중에서 지구 주위를 주기적으로 도는 물체를 인공위성으로 분류한다. 400km 고도에서 지구 주위를 돌고 있는 국제 우주정거장도 인공위성의 일종이다. 540km 고도에서 지구 주위를 돌며 먼 우주를 관측하는 허블우주망원경도 인공위성의 일종이다. 허블우주망원경은 1990년에 지구 저궤도로 발사된 후 현재까지 가동되고 있다. 반면 화성이나 목성 등 태양계의 다른 천체 주변까지 멀리 나아가 비행하는 우주선은 우주 탐사선 혹은 탐사선으로 분류한다.

## 인공위성을 둘러싼 경쟁

그렇다면 인류가 최초로 발사한 인공위성은 무엇일까? 바로 1957년 10월 4일 소련이 바이코누르 우주센터*에서 발사한 스푸트니크 1호

---

● 바이코누르 우주센터(카자흐어: Байконыр ғарыш айлағы, 러시아어: Космодром Байконур, 영어: Baikonur Cosmodrome)는 카자흐스탄 바이코누르에 위치한 세계 최대 규모의 로켓 발사 기지이며 세계 최초로 건설되었다. 아랄해 동쪽 200km의 시르다리야강 연안에 있고 모스크바에서는 남동쪽으로 2,000km 떨어져 있다. 원래 소련의 기지였으나 1991년 소련이 붕괴하여 카자흐스탄이 독립한 이후 러시아가 매년 약 1,370억 원을 지불하며 임대하여 사용하고 있다.

다. '스푸트니크Спутник, Sputnik'는 러시아어로 '위성'을 뜻하며 '동행자', '동반자'라는 뜻도 있다. 소련이 스푸트니크 1호를 발사하는 데 성공하자 인류가 우주에 뭔가를 쏘아 올렸다는 사실 때문에 전 세계인이 경이로워했다. 단조로운 금속 공 모양의 본체에 4개의 안테나가 달린 이 인공위성은 "삐~ 삐~ 삐~ 삐~"하는 전파음을 우주에서 지구로 보냈고, 이 신호를 시작으로 미국과 소련이 벌인 냉전의 무대는 지상에서 우주로 확장되었다.

소련은 여세를 몰아서 채 한 달도 지나지 않은 1957년 11월 3일 스푸트니크 2호를 발사했다. 스푸트니크 2호에는 '라이카'가 타고 있었다. 라이카는 지구에서 태어난 생명체 중 최초로 우주에 진입한 개이지만 최초로 우주에서 사망한 개이기도 하다. 스푸트니크 2호를 발사한 지 반세기가 넘었지만 당시의 소련 당국은 물론이고 현재의 러시아 정부도 라이카의 정확한 사인을 공표하지 않았다. 하지만 이 실험에 참여한 과학자들의 확인에 따르면 라이카는 발사 후 수 시간 내에 온도 조정 시스템이 오작동하여 과열과 스트레스 때문에 죽었다고 한다.

스푸트니크 시리즈 위성은 이후 25호까지 이어졌다. 스푸트니크 1~3호는 소련에서 사용한 공식 명칭이고, 스푸트니크 4~25호는 서방에서 붙인 이름이다. 스푸트니크 1~18호가 지구 궤도에서 임무를 수행한 반면 스푸트니크 19~21호는 금성, 스푸트니크 22~23호는 화성, 스푸트니크 24호는 달에서 임무를 수행했다. 이후 스푸트니크는 소련이 우주 탐사를 위해 발사한 모든 인공위성의 고유명사가 되었다. 1960년

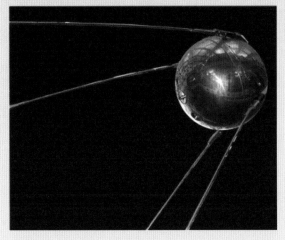

🌑 최초의 인공위성 스푸트니크 1호. 발사에 사용된 로켓은 R-7이다. 위성의 궤도는 원지점 950km, 근지점 230km, 궤도경사각 65°의 타원궤도이며, 궤도주기는 96.2분이었다. 스푸트니크 1호는 궤도를 돌면서 22일간 정상적으로 작동한다는 신호를 지구로 보냈으며, 92일 동안 지구 주위를 비행한 후 대기권에 재진입하면서 불타 사라졌다.

🌑 1957년 10월 5일 《뉴욕타임스》 헤드라인. "소련, 인공위성을 우주로 발사, 시속 1만 8,000mile(약 시속 2만 9,000km)로 지구를 공전 중, 미국 상공을 4회 지나감"

에 발사한 스푸트니크 5호(코라블-스푸트니크 2호)에는 두 마리의 개가 탑승했는데, 이들은 무사히 지구로 귀환했다. 이 개들의 이름은 각각 벨카와 스트렐카다. 이후 소련은 유인 우주 탐사를 목표로 보스토크 계획을 실행했고, 유리 가가린이 인류 최초로 지구 저궤도에 올랐다.

소련이 인공위성 발사에 연이어 성공하자 화들짝 놀란 미국은 자국의 첫 인공위성 발사를 서둘렀다. 그렇게 해서 스푸트니크 1호 발사 이후 3개월여 만인 1958년 1월 31일 미국 최초의 인공위성 익스플로러 1호가 발사되었다. 익스플로러 1호는 단순한 전파 신호만 보낸 스푸트니크 1호와 차별화할 수 있는 점이 있었다. 바로 과학 연구를 위한 '과학 탑재체'가 실려 있었던 것이다. 익스플로러 1호는 몸체라고 할 수 있는 '위성체'와 내용물이라고 할 수 있는 '탑재체'로 구성되어 있었다. 미국 과학자들은 탑재체를 실을 내부 공간을 만들기 위해 익스플로러 1호를 미사일처럼 길쭉한 형태로 제작했다. 공처럼 생긴 스푸트니크 1호와 무척 다른 모습이었다.

알다시피 1950년대는 미국과 소련이 한창 냉전을 벌이던 시기였다. 또한 우주기술은 국방기술에도 활용할 수 있기 때문에 두 나라는 경쟁적으로 위성을 발사했다. 인공위성을 우주로 발사하려면 막대한 비용이 든다. 당시만 해도 인공위성 발사는 과학적 목적뿐만 아니라 국가의 자존심이 걸린 정치적 문제와도 연관이 있었다. 따라서 관련 기관과 과학자들은 정부로부터 천문학적 규모의 재정을 지원받을 수 있었다.

익스플로러 1호 설계와 제작은 캘리포니아공과대학교California

©NASA

🌙 미국 최초의 인공위성 익스플로러 1호. 인공위성 1958 알파satellite 1958 Alpha라고도
불린다. 1958년 1월 31일 플로리다주 케이프커내버럴 공군기지에서 주노 1호 로켓에
실려 발사된 후 근지점 360km, 원지점 2,520km의 타원궤도를
114.9분에 한 바퀴씩 돌았다.

©NASA/JPL

🌙 미국의 익스플로러 1호 발사를 보도한 신문 지면들.
당시에는 인공위성을 달moon이라고 불렀음을 알 수 있다.

Institute of Technology, Caltech 소속 제트추진연구소Jet Propulsion Laboratory, JPL

의 윌리엄 H. 피커링이 지휘했다. 위성에 실릴 측정기를 설계하고 제

작하는 일은 아이오와대학교의 제임스 밴 앨런 박사가 주도했다. 익스

플로러 1호에 실릴 탑재체 중 하나는 우주방사선을 측정하는 가이거 계

수관Geiger Counter이었다. 밴 앨런 박사가 이끄는 아이오와대학교에서

제작한 가이거 계수관을 활용하여 관측값을 얻은 과학자들은 다른 지

역에서는 관측값이 거의 나타나지 않으며 남아메리카 상공에서 에너지

가 높은 양성자들이 집중적으로 관측되는 현상을 확인했다. 바로 현대

물리학에서 매우 중요한 연구 주제인 지구 방사능 벨트를 처음으로 발

견한 역사적인 순간이었다. 방사능 벨트는 가이거 계수관의 설계를 맡

은 물리학자 밴 앨런의 이름을 따서 밴 앨런대Van Allen Belt라고 불리게

된다.

익스플로러 1호는 발사 후 약 4개월이 지난 1958년 5월 23일부터

배터리가 부족해져 통신이 두절되었다. 이후 12년 동안 묵묵히 지구

저궤도를 돌다가 1970년 5월 31일 불길에 휩싸여 전소되었다. 미국은

2004년 11월까지 83개의 익스플로러 위성 시리즈를 발사했다. 익스플

로러 1호와 똑같이 제작된 모형은 스미스소니언 재단이 운영하는 국립

항공우주박물관에 전시되어 있다.

여담이지만 우리나라의 우리별 위성도 스푸트니크와 익스플로러

처럼 같은 명칭을 유지하는 것이 바람직했을 것 같다. 우리나라 최초의

인공위성인 우리별 1호는 1992년 8월 11일 발사되었다. 세계 최초로 소

련이 인공위성을 발사한 1957년과는 35년이라는 시간의 격차가 있다. 그만큼 우리나라가 우주개발을 뒤늦게 시작한 셈이다. 그렇지만 우리나라 우주과학자와 공학자들이 우주 선진국들보다 한참 뒤처진 출발선에서 시작하여 현재 수준에 도달하기까지 얼마나 숨 가쁘게 달려왔는지 생각하면 감사하고 뿌듯하다.

## 인공위성을 발사하려면 무엇이 필요할까

인공위성이 지구를 떠나서 목표 궤도에 안착하기 위해서는 일단 지구 바깥으로 탈출해야 한다. 이때 인공위성을 실어 나르는 운송 수단이 필요하다. 지구 표면에서 출발하여 대기권을 탈출하고 우주로 가는 데 필요한 수단이 바로 '로켓rocket'이다. 우리가 해외여행을 갈 때 챙기는 가방을 캐리어carrier라고 하는데, 로켓은 인공위성이라는 내용물을 담은 캐리어라고 할 수 있다. 캐리어가 튼튼해야 안전하고 정확하게 내용물을 원하는 지점으로 가져갈 수 있다. 로켓은 인공위성을 우주로 운송하는 수단 자체를 의미하기도 하고, 운송 수단의 핵심 구성품 중 하나인 엔진을 일컫기도 한다.

많은 사람이 로켓을 미사일과 비슷한 기계라고 인식하고 있다. 몇 년 전 통일부에 근무하던 한 고등학교 동창이 미사일과 로켓이 어떻게 다른지 내게 개인적으로 물은 적이 있다. 알다시피 북한이 여러 차례

●) 2016년 2월 7일 북한이 발사한 광명성 발사체. 한국, 미국, 일본 등은
이 발사체를 인공위성 발사를 위한 로켓이 아니라 미사일로 명명했다.
하지만 북한이 이 발사체를 사용하여 인공위성 '광명성 4호'를
궤도에 올린 것으로 확인되었다.

미사일을 발사하며 무력도발을 하고 있으니, 담당 공무원 입장에서는
둘의 차이를 구분하는 것이 매우 중요할 터였다. 미사일이라는 용어는
보통 무기 체계를 다룰 때 사용한다. 과학적 임무가 목적인 로켓과는
용도가 다르지만, 동작 원리만 보면 같다고 할 수 있다. 발사 후 원하는
목표 지점으로 유도하는 기능이 없는 것은 로켓, 유도 기능이 있는 것

| 천체 | 탈출속도(km/s) |
|---|---|
| 태양 | 617.7 |
| 수성 | 4.3 |
| 금성 | 10.4 |
| 지구 | 11.2 |
| 화성 | 5.0 |
| 목성 | 59.5 |
| 토성 | 35.5 |
| 천왕성 | 21.3 |
| 해왕성 | 23.7 |
| 달 | 2.4 |

©NASA

● 태양계 천체의 탈출속도

은 미사일로 분류하기도 한다. 하지만 최근에는 방향을 유도하는 기능을 갖춘 로켓들이 개발되고 있으므로 미사일과 로켓의 차이가 모호해지고 있다.

로켓이 지구 밖으로 나아가려면 탈출속도escape velocity보다 빠른 초기 속도가 필요하다. 지상에서 물체를 위로 던질 때, 던지는 속도가 빠를수록 물체가 더 높이 올라갔다가 내려온다. 또한 물체를 엄청 빠른 속도로 던지면 지구의 중력을 벗어나 무한히 먼 곳까지 갈 수도 있다. 이때 물체가 지구 대기권을 탈출하는 데 필요한 최소한의 초기 속도를 탈출속도라고 한다. 물리적 측면에서 탈출속도는 물체의 운동에너지가 중력에 의한 위치에너지와 같아지는 속도다. 즉, 로켓이 지구 중심에서 잡아당기는 중력을 벗어나는 데 필요한 최소한의 속도인 것이다. 지구 주변에 있으며, 질량을 갖는 모든 물체는 지구의 중력장에 묶여 움직인다. 그러므로 지구의 중력장을 빠져나가기 위해서는 어느 방향이냐가 아니라 얼마나 빠르냐가 중요하다. 엄밀하게 말하자면 탈출속도가 아니라 탈출속력이다. 방향을 고려한다면 벡터양인 속도지만, 이때 필요한 것은 방향을 고려하지 않는 스칼라양*이기 때문이다. 지구 표면에서의 탈출속도는 대략 11.2km/s다. 회전체에서 탈출속도는 탈출하려는 물체가 향하는 방향에 따라 좌우된다. 지구의 회전 속도는 적도를 기준으로 465m/s이므로, 적도에서 동쪽으로 향하는 접선 상으로 발사된 로켓은 10.735km/s의 초기 속도가 필요하다. 이와 달리 적도에서 서쪽으로 발사된 로켓은 11.665km/s의 초기 속도가 필요하다. 지구 표면에서의 회전 속도가 위도에 대한 코사인 함수**의 형태이기 때문에 되도록 적도 근처에서 발사하는 것이 초기 속도를 얻는 데 유리하다.

그래서 프랑스령 기아나에 위치한 유럽우주국ESA의 기아나우주센터는 적도로부터 5° 떨어져 있다. 우리나라는 정지궤도 복합위성

----

● 물리량은 모두 벡터와 스칼라로 표현된다. 스칼라scalar는 크기만 있고 방향이 없는 양이고, 사칙연산이 그대로 적용된다. 온도, 질량, 부피, 밀도, 시간, 거리, 속력, 에너지 등이다. 벡터vector는 크기와 방향을 동시에 지닌 양이다. 중력량, 변위, 속도, 가속도, 힘, 운동량, 충격량 등이다. 일반적으로 화살표로 표시한다.

●● 삼각비와 관련하여 삼각형의 빗변과 밑변, 높이 사이의 비를 구하는 것처럼 좌표를 이용하여 각거리를 구할 수 있다. 코사인 함수는 삼각형의 빗변과 밑변의 비로 얻는다.

Geostationary Korea Multi Purpose Satellite, GEO-KOMPSAT, GK 천리안을 기아나우

주센터에서 발사하고 있다. 2018년에 천리안 2A호, 2020년에 천리안

2B호를 이곳에서 성공적으로 발사했다.

　　지구 탈출속도와 같은 원리로 인공위성이 태양계의 다른 행성을

벗어나는 데 필요한 탈출속도도 구할 수 있다. 탈출속도는 운동하는 물

체가 탈출하려는 행성의 질량이 클수록, 그리고 행성과 물체 사이의 거

리가 가까울수록 크다. 또한 운동하는 물체의 질량은 탈출속도와 별 관

련이 없다. 공기의 저항을 무시하면 지구의 탈출속도가 약 11.2km/s인

반면, 지구보다 질량이 훨씬 큰 목성의 탈출속도는 59.5km/s로 지구보

다 훨씬 크다. 지구 표면에서 11.2km/s 이상의 속도로 운동하는 기체

분자는 지구 중력에서 벗어날 수 있지만, 같은 속도로 목성 표면에서

운동하는 기체 분자는 목성의 중력을 벗어나지 못하고 목성의 대기를

이룬다. 또한 물체가 지구에서 벗어나더라도 여전히 태양의 중력에 큰

영향을 받는다. 태양권에서 탈출하기 위한 탈출속도는 목성보다 훨씬

큰 617.7km/s다.

## 우리나라의 인공위성과 로켓

　　앞에서 언급했듯이 우리나라가 처음으로 발사한 인공위성은 우

리별 1호다. 우리별 1호는 1992년 8월 11일에 아리안 4 로켓에 실려 기

나로우주센터 발사대에 놓인 누리호 시험 발사체.
2018년 11월 28일 발사 실험을 성공적으로 마쳤다.

아나우주센터에서 발사되었다. 아리안 4는 유럽우주국이 1988년부터 2003년까지 사용한 우주발사체다. 우리나라는 아직 다양한 우주발사체를 확보하지 못했기 때문에 당분간 다른 나라에서 다른 나라의 발사체로 위성을 발사해야 한다. 그렇지만 2022년 6월 21일 누리호의 2차 시험 발사에 성공함으로써 이제 우리나라도 저궤도에 인공위성을 보낼 수 있게 되었다.

우리나라에도 우주로 로켓을 발사할 수 있는 우주센터가 한 군데 있다. 바로 2009년 6월에 준공된 나로우주센터Naro Space Center다. 전라남도 고흥군 외나로도에 위치한 이곳에서 2018년 11월 28일 누리호의

©한국항공우주산업

국방과학연구소와 한국항공우주산업KAI이 함께 개발하고 있는 425 정찰위성들의 상상도. 북한 지역을 2시간마다 정찰하기 위한 군사용 위성으로, 고해상도 영상레이더SAR와 전자 광학EO/적외선 장비IR를 탑재할 예정이다. 이 위성은 5개의 500kg급 위성으로 구성된다.

시험 발사체가 성공적으로 발사되었다. 누리호에 들어갈 75t급 로켓 엔진의 성능을 실험하기 위한 시험 발사였다. 순수한 국내 기술로 모든 과정을 개발하고 우리나라 땅에서 발사하는 로켓을 위한 첫걸음을 뗀 셈이다. 나는 당시의 발사 장면을 현장에서 직접 볼 수 있었다.

우리나라의 우주개발은 처음부터 현재까지 정부가 주도하고 있고, 얼마 전부터 초소형위성 개발 등 규모가 작은 사업에 민간 업체가 참여하고 있다. 즉, 아직은 막대한 예산이 필요한 우주개발 사업에 관한 중장기 계획을 국가 차원에서 세우고 있다. 이 계획을 최종 승인하

🌑 1993년 6월 4일 우리나라 최초의 로켓인 1단형 과학로켓 KSR-1이 발사되는 장면

는 곳은 국가우주위원회다. 국가우주위원회는 정부의 우주개발 정책에 관한 주요 사항을 수립하고 심의하며 조정하는 대통령 소속 자문위원회다. 위원장은 과학기술정보통신부 장관이었다가 현재는 국무총리가 맡고 있다. 나는 2018년부터 2020년까지 국가우주위원회 위원으로 일했다.

잘 알려졌다시피 미국, 러시아, 일본, 유럽 등 우주 선진국은 로

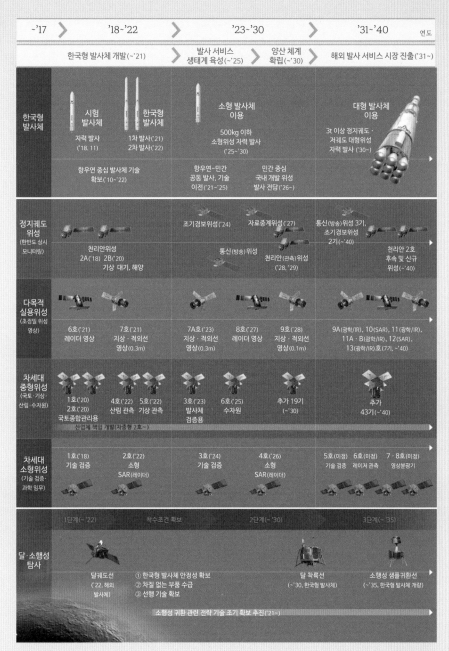

| 연도 | ~'17 | '18~'22 | '23~'30 | '31~'40 |
|---|---|---|---|---|
| | 한국형 발사체 개발(~'21) | | 발사 서비스 생태계 육성(~'25) / 양산 체계 확립(~'30) | 해외 발사 서비스 시장 진출('31~) |

**한국형 발사체**
- 시험 발사체 자력 발사 ('18. 11)
- 한국형 발사체 1차 발사('21) 2차 발사('22)
- 소형 발사체 이용 500kg 이하 소형위성 자력 발사 ('25~'30)
- 대형 발사체 이용 3t 이상 정지궤도·저궤도 대형위성 자력 발사 ('30~)
- 항우연 중심 발사체 기술 확보('10~'22)
- 항우연-민간 공동 발사, 기술 이전('21~'25)
- 민간 중심 국내 개발 위성 발사 전담('26~)

**정지궤도 위성** (한반도 상시 모니터링)
- 천리안위성 2A('18) 2B('20) 기상 대기, 해양
- 조기경보위성('24)
- 자료중계위성('27)
- 통신(방송) 위성
- 천리안(관측)위성 ('28, '29)
- 통신(방송)위성 3기, 조기경보위성 2기(~'40)
- 천리안 2호 후속 및 신규 위성(~'40)

**다목적 실용위성** (초정밀 영상)
- 6호('21) 레이더 영상
- 7호('21) 지상·적외선 영상(0.3m)
- 7A호('23) 지상·적외선 영상(0.3m)
- 8호('27) 레이더 영상
- 9호('28) 지상·적외선 영상(0.1m)
- 9A(광학/IR), 10(SAR), 11(광학/IR), 11A·B(광학/IR), 12(SAR), 13(광학/IR)호(7기, ~'40)

**차세대 중형위성** (국토·기상·산림·수자원)
- 1호('20) 2호('20) 국토종합관리용
- 4호('22) 산림 관측
- 5호('22) 기상 관측
- 3호('23) 발사체 검증용
- 6호('25) 수자원
- 추가 19기 (~'30)
- 추가 43기 (~'40)
- 산업체 책임 개발(차중형 2호~)

**차세대 소형위성** (기술 검증·과학 임무)
- 1호('18) 기술 검증
- 2호('22) 소형 SAR(레이더)
- 3호('24) 기술 검증
- 4호('26) 소형 SAR(레이더)
- 5호(미정) 기술 검증
- 6호(미정) 레이저 관측
- 7·8호(미정) 영상분광기

**달·소행성 탐사**
- 1단계(~'22) 착수조건 확보 / 2단계(~'30) / 3단계(~'35)
- 달궤도선 ('22, 해외 발사체)
  - ① 한국형 발사체 안정성 확보
  - ② 차질 없는 부품 수급
  - ③ 선행 기술 확보
- 달 착륙선 (~'30, 한국형 발사체)
- 소행성 샘플귀환선 (~'35, 한국형 발사체 개량)
- 소행성 귀환 관련 전략 기술 조기 확보 추진('21~)

©한국항공우주연구원

국가우주위원회의 우주개발 중장기 계획 중 일부(2020년 기준)

켓 기술을 독자적으로 개발하여 우주개발 사업을 추진하고 있다. 로켓은 위성을 발사하고 더 먼 심우주를 탐사하는 데 반드시 필요하며 국방과도 직결되기 때문에 우주 선진국들은 절대로 다른 나라에 기술을 전해주지 않는다. 따라서 각국이 과학기술에 관한 자존심을 걸고 독자적으로 개발해야 한다. 자국의 로켓을 이용하는 우주개발을 추진하며 자긍심을 뽐내는 우주 강국들은 다른 나라의 인공위성을 발사해주는 상업 발사 시장도 주도하고 있다. 최근 우주개발국이 많아지고 다양한 소형위성에 대한 수요가 높아짐에 따라 상업 발사 시장도 꾸준히 커질 것이다.

우리나라는 비슷한 시기에 독자적 인공위성과 로켓을 개발하기 시작했다. 우리나라 최초의 로켓은 1993년 안흥 종합시험장에서 발사된 1단형 과학로켓 KSR-1<sup>Korea Sounding Rocket-1</sup>이다. 우리나라 인공위성을, 우리나라 로켓으로, 우리나라 땅에서 발사하는 것은 우리가 우주 주권을 갖게 되었다는 뜻이다. 비록 출발은 다른 선진국보다 늦었지만 이제 우리나라도 로켓과 우주센터가 있기 때문에 머지않은 미래에 우리나라 위성들을 우리 땅에서 발사할 수 있을 것이다. 이미 지난 2020년에 달에 보낼 시험용 달 궤도선과 탑재체를 제작했고, 2022년 8월에는 달의 주변을 도는 달 탐사 궤도선 '다누리'를 발사했다. 다누리는 2022년 12월 16일 달 궤도에 무사히 도착했다. 달 궤도선의 임무가 성공하면 2030년에는 달에 착륙선과 로버를 발사할 계획이다.

이 모든 계획이 순조롭게 진행되면 우리나라도 소행성 탐사와 화성 탐사 등의 심우주 탐사를 꿈꿀 수 있을 것이다. 우주에 대한 꿈을 실현하기 위해서는 천문학적인 비용을 치러야 한다. 하지만 꿈꾸지 않는 사람에게는 미래가 없다. 2020년 초에 전 세계를 덮치고 인류를 팬데믹 상황으로 몰고 간 코로나19 바이러스가 지배하는 암흑의 터널을 지나는 동안 많은 사람이 절실하게 깨달은 점이 있다. 사전에 준비하지 않으면 아무 예고 없이 일어나는 변화에 대응하기 어렵고, 경우에 따라서는 큰 대가를 치러야 한다는 사실 말이다. 우주는 기후 위기, 식량 고갈 등의 재난에 대비하기 위해 인류가 준비할 수 있는 또 다른 선택지가 될 수도 있다.

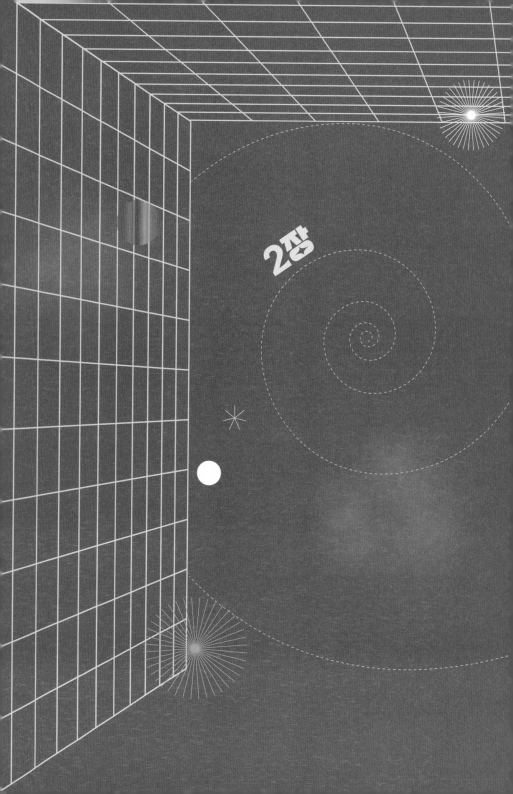

2장

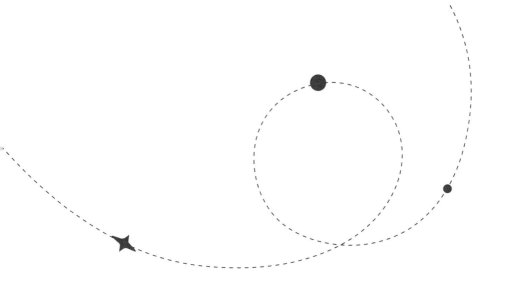

우주기술은 인공위성과 로켓을 만들고 발사하고 활용하는 모든 기술을 뜻한다. 우주개발에 뛰어드는 모든 나라는, 심지어 북한도 표면적으로는 인류가 미래에 거주할 지역을 확보하고 평화를 이룩한다는 목적을 기본 개념으로 내세우고 있다.

## 많은 나라가 로켓을 개발하는 이유

인공위성을 우주로 실어 나르는 데 반드시 필요한 로켓을 제작하는 기술은 군사용 대륙간탄도미사일ICBM 제작 기술과 똑같다. 미사일의 로켓 꼭대기에 인공위성을 탑재하면 우주용 로켓이지만 미사일을 탑재하면 군사용 로켓이 된다. 상대적으로 국력이 약한 나라들도 인공위성과 로켓을 독립적인 기술력으로 만들어 발사하려고 노력하는 이유가 바로 여기에 있다. 우주용 로켓을 개발할 수 있다면 대륙간탄도미사일도 개발할 수 있기 때문이다. 우리나라가 로켓을 개발하면 주변국인 일본, 러시아, 중국 등이 긴장할 수밖에 없다. 또한 중국의 달 탐사 계획이나 심우주 탐사 계획에 군사적 목적이 숨어 있다고 추측하지만 어느 나라도 표면적으로 거론하지는 않는다. 그렇게 모든 나라가 우주개발에 군사적 목적을 암묵적으로 포함시키고 있다.

전 세계의 정치 지도자들도 이 사실을 잘 알고 있다. 그래서 강대

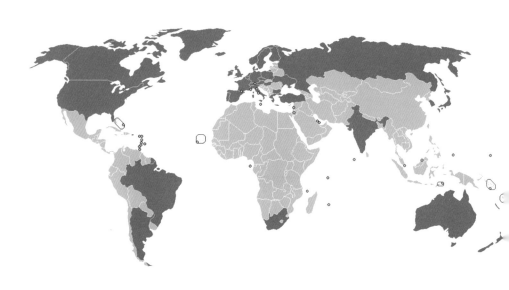

©Wikimedia Commons

미사일 기술 통제 체제에 가입한 회원국 현황(녹색 표시)

국들이 세계 평화를 유지한다는 거창한 명목으로 만든 것이 바로 미사일 기술 통제 체제Missile Technology Control Regime, MTCR다. 전 세계 35개 국가가 참여하여 미사일 기술 확산을 방지하고 인위적으로라도 국제 평화 체제를 유지하기 위해 공동으로 노력하고 있다. 우리나라도 2001년 3월 26일에 가입하여 33번째 회원국이 되었다.

우주개발 선진국들이 다른 나라로 관련 기술이 유출되지 않도록 철저히 제한하는 것은 당연한 일이다. 그러므로 한 나라가 외부의 도움 없이 독자적인 우주개발 능력을 갖추는 일은 무척이나 힘들다. 아무리 작은 기술이라도, 심지어 작은 나사 하나라도 인공위성과 로켓 개발에 관련된 기술은 국가 간 이전이 불가능하다. 이런 이유로 한미 미사일 지침Missile Guideline 같은 불공정한 규제가 생긴 것이다.

한미 미사일 지침은 우리나라가 고성능 탄도 미사일을 개발하지 못하도록 규제하기 위해 미국이 우리나라와 체결한 가이드라인이다. 우리나라는 이 지침에 따라 그동안 고체연료 우주발사체 개발에 제한을 받았다. 그러나 4회에 걸친 개정 끝에 2021년 5월 21일 한미 미사일 지침이 폐지되었다. 이제 우리나라는 고체연료를 사용하는 우주발사체를 사거나 중량에 구애받지 않고 개발, 생산, 보유, 발사할 수 있다. 그동안 무거운 족쇄 노릇을 해온 한미 미사일 지침이 종료되면서 우리나라 우주개발 분야가 날개를 단 셈이다.

# 액체연료와 고체연료

액체연료는 고체연료보다 다루기가 매우 까다롭다. 그래서 액체 연료로만 발사체를 만드는 나라는 거의 없다.

액체연료를 사용하는 로켓 내부에는 연료와 산화제가 들어 있어 서 추진제를 구성하는 연료와 산화제의 양을 조절하면 추력을 조절할 수 있다. 액체연료는 추력뿐 아니라 시동과 정지를 제어할 수 있다는 장점 때문에 대부분의 우주발사체에 사용된다.

고체연료는 추력이 좋지만, 한번 불이 붙으면 멈추지 않고 계속 타오른다. 그러므로 가동을 멈췄다가 다시 점화하거나 중간에 추력을 조절할 수 없다. 즉, 고체연료를 사용하는 로켓은 원하는 궤도에서 추력 조절이 불가능하다는 치명적인 단점이 있다.

이처럼 장단점이 다르기 때문에 요즘 개발되는 우주발사체는 대부분 하이브리드 방식으로 액체와 고체를 같이 사용한다. 하이브리드 발사체의 경우, 가장 큰 추력이 필요한 맨 아래 1단 엔진은 대부분 고체 연료를 사용한다.

하지만 한국형 발사체 누리호는 1단 엔진부터 3단 엔진까지 모두 액체연료를 사용했다. 따라서 당연히 고체 발사체보다 기술을 개발하기 어렵고 개발 기간도 오래 걸렸다.

# 새로이 떠오르는 우주산업

우주개발 기술은 전통적으로 인공위성 기술, 발사체 기술, 위성 정보 활용 기술 세 가지로 구분한다. 21세기에 들어서자 우주를 새로운 산업 분야로 인식한 선진국에서 새로운 분위기가 형성되기 시작했다. 불과 100여 년 전 마차에서 자동차로, 기차와 비행기로 운송 수단이 바뀌었다면 이제는 시선을 머리 위로 올리고 하늘 너머로 이동하게 된 것이다.

우주산업 분야는 생산자를 뜻하는 '업스트림'과 소비자를 뜻하는 '다운스트림'으로 구분할 수 있다. 우주개발 시대 초기부터 이러한 구분이 나타났지만, 우주산업이 본격적으로 성장하고 있는 요즘 구분이 더욱 뚜렷해졌다. 위성과 로켓을 만들어 발사하는 것은 전통적인 제작에 해당하는 업스트림 분야다. 지구 궤도를 도는 위성이 보낸 정보들을 일상생활이나 다양한 사업에 필요한 자료로 가공하여 우리 삶의 질을 높이고 부가가치를 만드는 분야는 다운스트림이다. 즉, 전통적인 인공위성 제작 기술과 발사체 제작 기술이 업스트림에 해당하고, 위성 정보를 활용하는 기술이 다운스트림에 해당한다.

우주개발을 일찍 시작한 일부 선진국은 인공위성과 발사체를 제작하는 하드웨어 기술을 개발하는 데 중점을 두는 경향이 있다. 반면 국력이 약하거나 우주개발 후발 주자인 나라들은 위성 정보를 활용하여 2차 생산물을 만드는 기술에 집중하는 경향이 있다. 예를 들면 위성이 촬영한 사진 자료를 합성하여 국토, 지리, 산림, 농업, 재난, 환경 감시 등 실용적인 분야에 필요한 자료로 재가공하는 기술이다. 태국, 베트남 등 동남아시아 국가 대부분이 이와 같은 방식으로 우주개발 사업을 하고 있다. 인공위성을 직접 제작할 기술은 아직 없지만, 다른 나라에서 구입한 인공위성 자료를 가공하여 자국의 목적을 위해 사용하는 것이다. 그러려면 물론 상당한 대가를 지불해야 한다.

우리나라의 경우 중소형 인공위성을 제작하는 하드웨어 기술은 우주 선진국 수준이다. 그러나 우주발사체와 대형 위성을 개발하는 기술은 아직 우주 선진국들과 격차가 있다. 그동안 한미 미사일 지침의 제한을 받아 후발 주자로 출발했기 때문이다. 우주발사체 연구개발은 인공위성 개발 및 위성 정보 활용 연구에 비해 발사장, 각종 연소 시험 시설 등의 지상 시설과 인프라를 구축하는 데 많은 비용과 시간, 인력이 필요하다. 또한 시험 과정에서 폭발 사고가 일어날 가능성도 높다. 따라서 매 단계마다 많은 실험을 거쳐야 하므로 새로운 기술을 습득하는 데 긴 시간이 필요하다. 이런 이유들 때문에 우리나라는 다양한 발사체 기술을 개발하지 못했지만, 그리 머지않은 미래에 성공할 수 있을 것이다.

# 인공위성과 로켓을 개발하는 과정

이제 인공위성과 로켓을 만드는 과정을 쉽게 설명하려 한다. 나는 주로 인공위성을 만들어왔기 때문에 인공위성 개발 과정을 중심으로 이야기할 것이다. 하지만 하드웨어 개발 단계를 살펴보면 로켓을 개발하는 단계의 주요 과정은 위성 개발 과정과 크게 다르지 않다.

단순하게 비유하면 인공위성은 승객이고, 로켓은 버스나 택시라고 할 수 있다. 로켓의 임무는 승객인 인공위성이 요구한 위치에 정확히 내려놓는 것이다. 그렇다면 인공위성의 임무, 즉 우주에서 어떤 일을 할 것인지는 누가, 어떻게 결정할까? 또 누가 인공위성을 만들고 우주로 쏘아 올릴까? 인공위성 하나를 설계하고 만들어 발사하기까지는 셀 수 없이 많은 의사 결정이 필요하다. 지구에서 우주로 보낼 만큼 중요한 인공위성의 임무를 누가 어떤 방식으로 결정할지, 개발 팀을 어떻게 구성할지, 개발은 누가 하고 발사는 어디에서 할지, 위성이 보내는 자료를 어떻게 활용할지 등등 끝이 없다.

지금까지 책에서는 구체적으로 언급된 적 없는 인공위성 만드는 단계를 알아보자. 물론 지면에 한계 때문에 모든 단계를 상세히 설명하기는 어렵지만, 지나치게 기술적이거나 어려운 설명은 빼고 되도록 쉽고 폭넓게 이야기하려 한다.

인공위성을 제작하려면 가장 먼저 위성의 임무를 설정하고, 그 임무를 성공시킬 만한 각 분야의 전문가들로 연구 팀을 구성해야 한다. 그리고 가장 중요한 예산도 확보해야 한다. 실제로 과학자들이 가장 공을 들이는 부분은 위성 제작에 필요한 연구비 확보를 위한 제안서 작성이다. 규모에 따라 다르지만 인공위성을 만드는 데는 매우 많은 비용이 들어간다. 그러므로 예산을 확보하기 위해서는 제안서를 매력적으로 만들어야 한다. 과학적으로 가치가 있어야 하고, 실현 가능해야 하며, 새로운 기술을 확보하겠다는 도전 의식도 보여야 한다. 이를 위해 연구 팀의 과학자들은 여러 밤을 새우며 고심하고 다듬어서 제안서를 완성한다. 이후 제안서를 들고 다니면서 정부나 민간 기업 등을 설득한다. 사실 과학자의 일상은 매일이 거절당하는 일의 연속이다. 제안서를 아무리 매력적으로 잘 쓰더라도 과학 분야에는 세부 분야가 많고 경쟁자도 많다.

그렇게 여러 번 시도하고 낙심한 끝에 천재일우의 기회로 예산을 확보했다고 치자. 이제 본격적으로 인공위성을 만들기 시작해야 한다. 구체적으로 설계하고, 직접 제작하고, 여러 번의 우주 환경 시험을 거쳐야 한다. 모든 테스트에 합격해야 비로소 위성을 발사할 수 있다. 게다가 발사 후에도 할 일이 많다. 우주로 나간 위성이 지상으로 보내는 방대한 자료를 처리하고 의미 있게 분석해야 새로운 과학적 발견을 할 수 있다. 이러한 일련의 과정이 짧게는 10년, 길게는 30년까지 걸리기도 한다. 얼마 전 인류가 만든 우주 탐사선 중 최초로 명왕성을 근접 통과한 뉴호라이즌스 프로젝트는 탐사 계획을 구상하고 실제로 명왕성에 접근하기까지 30년이 걸렸다. 인공위성을 만드는 나 같은 과학자에게 이런 기회는 일생에 한 번 있을까 말까 한 그야말로 인생을 건 프로젝트다.

## 임무 선정

우주 탐사는 어렵고 복잡하고 시간도 오래 걸린다. 그런 만큼 우주 탐사 계획 구상, 제안서 작성과 승인, 재원 마련, 인공위성 제작과 발사, 성공적인 비행을 위해서는 매 단계마다 철저한 계획과 준비가 필요하다.

만약 화성 탐사를 목적으로 우주 탐사선을 제작해 우주로 보내려 한다면, 우주 탐사선의 임무는 ① 화성 궤도에 도착해서 ② 화성 표면에 착륙선을 무사히 안착시킨 후 ③ 로버를 착륙선 바깥으로 보내도록 하는 것이다. 우리가 만든 로버는 화성 표면을 자유자재로 이동하며 우주방사선의 양과 종류를 측정할 것이다. 우리는 과연 인간이 화성에 살 수 있는지를 알아보기 위해 표면의 환경을 조사하는 과학 임무를 정할 생각이다. 아직까지 인간이 화성에 간 적이 없기 때문에 이 임무는 우주 탐사에 매우 중요한 업적이 될 것이다.

탐사선을 화성에 보내는 것도 물론 매우 어렵지만, 인간이 1년 이상 장기 거주하려면 해결해야 할 문제의 난이도가 완전히 달라진다. 외계 행성에 생명체가 거주하려면 지구에서는 고민거리도 안 될 많은 물리적 조건부터 해결해야 하기 때문이다. 가장 기본적으로 행성의 표면을 밟고 서 있을 수 있는지가 중요하다. 인간이나 건물 혹은 착륙선을 지지하는 단단한 표면이 있어야 한다. 또한 우주방사선을 막아줄 자기장이 있는지도 중요하다. 대기가 있는지도 중요한 변수다. 전기를 계속 공급해야 생명체와 인공위성이 움직일 수 있기 때문에 전기를 어떻게 공급할지, 집을 무엇으로 지을지 등등 셀 수 없이 많은 문제를 해결해야 한다.

일단 천 리 길도 한 걸음부터 시작해야 하고 첫술에 배부를 수는 없는 노릇이니, 한 번에 한 가지씩 해결해야 한다. 이번 임무는 화성 표면에서 우주방사선이 얼마나 강한지 측정하는 것이다. 화성은 지구와 같은 영구자기장이 존재하지 않기 때문에 강한 방사선이 지상에 그대로 내리꽂힌다. 이 우주방사선이 화성 표면의 위치마다 어떻게 달라지는지, 상공으로 올라가면 고도별로 어떻게 달라지는지도 알아야 한다. 만일 일주일, 1개월, 6개월, 1년, 10년 동안 생명체가 화성에서 살아야 한다면 방사선에 피폭되면서 누적되는 방사선량도 알아야 한다. 누적되는 최대 방사선 피폭량을 알면 인간에게 필요한 우주복의 소재와 두께를 정할 수 있고, 주거 시설의 방사선 차폐막을 어떤 물질로 얼마나 두껍게 만들지도 정할 수 있다.

실제로 2021년 2월 화성에 도착한 미국의 화성 탐사 로버 퍼서비어런스Perseverance는 화성에 생명체가 존재할 가능성을 찾기 위해 설계되었다. 과거에 호수 지역이었다고 추정되는 '예제로 크레이터'에 착륙한 이유도, 물이 있으면 생명체가 살았을 확률이 높기 때문이다. 일반적으로 탐사선은 궤도를 도는 궤도선과 지표에 착륙하는 착륙선, 착륙선과 달리 바퀴로 이동할 수 있는 로버 등으로 구분한다. 퍼서비어런스에는 자동차처럼 바퀴가 달려 있어서 화성 표면을 움직이며 여러 장소에서 관측할 수 있다.

퍼서비어런스는 화성 유인 탐사를 위한 맞춤 임무를 수행하고 있다. 호흡에 필요한 산소를 생성하는 시험을 위한 탑재체를 가지고 갔고, 인간이 입을 우주복 재료도 화성에서 실제로 사용해보기 위해 가지고 갔다. 우주방사선이 내리쬐는 화성에서는 인간이 우주복 없이 활동할 수 없기 때문에 화성 토양의 우주방사선을 스캔할 수 있는 관측기도 탑재하고 있다. 이 관측기는 화성 표면의 여러 지역에서 우주방사선량

©NASA

화성에 도착한 나사의 로버 퍼서비어런스. 화성 표면의 토양 샘플을 채취하고,
화성 유인 탐사를 대비하여 다양한 우주 환경을 관측할 예정이다.

의 변화를 측정할 수 있다.

화성 유인 탐사를 안전하게 하려면 기후도 사전에 파악해야 한다. 화성 표면에서 자주 일어나는 모래폭풍이나 미세먼지는 탐사선의 동작 가능 여부에 영향을 미치고 인간의 건강에도 악영향을 줄 수 있다. 퍼서비어런스는 미세먼지의 형태와 크기를 파악하고, 풍속·방향·온도·습도 등과 같은 국지적 날씨도 관찰한다.


## 팀 구성

대부분의 현대 과학이 그렇듯이 인공위성을 만드는 프로젝트에서 한 사람이 모든 일을 할 수는 없다. 프로젝트를 성사시키기 위해서는 다양한 분야의 많은 전문가가 필요하다.

일단 성공적인 제안서를 작성하려면 꼭 필요한 전문가들을 모아 연구단을 꾸려야 한다. 먼저 위성의 최우선 임무를 설정하려면 과학 임무를 정교하게 정의할 행성과학자들이 필요하다. 이들은 예컨대 화성 대기의 성분 구성관측, 화성 지질의 내부 구성 물질 측정 등 가장 중요한 과학적 문제를 임무로 정한다. 또한 위성 본체의 기계 구조를 설계할 항공우주공학자, 위성의 전력계와 추진계, 자세제어계 등을 설계할 우주공학자가 필요하다. 그 밖에도 위성의 궤도를 설계할 궤도역학자, 위성체에 원격 명령을 전달할 프로그램들을 작성할 프로그램 개발자 등이 필요하다. 우주공간에서 한 번 실패하면 돌이킬 수 없기에, 기존에 일한 경험이 있는 사람들이 다시 우주 프로젝트에 참여하는 경우가 많다.

그 다음으로 제안서를 작성할 각 부문 담당자를 정하면서 본격적으로 팀을 구성한다. 우리가 진행하고 싶은 프로젝트가 매력적으로 보이려면 분야별 전문가들을 구성원으로 모아야 한다. 그야말로 우주 분야의 어벤저스급으로 팀을 구성하는 것이 나처럼 프로젝트 총괄 책임을 맡은 사람의 욕심일 것이다. 앞에서도 말했듯이 인공위성 임무는 연구자 개인에게 일생의 프로젝트가 될 수도 있다. 즉, 한 연구자가 전체 연구 인생 동안 도전해볼 수 있는 위성 프로젝트는 몇 개 되지 않는다. 그러니 원하는 사람들만으로 팀을 꾸리기란 쉬운 일이 아니다.

팀 구성원들 중 핵심은, 전체 시스템을 총괄할 수 있고 모든 개발 과정을 꿰뚫고 있는 시스템 엔지니어다. 또한 각 탑재체 전자부의 전기 및 전자회로를 담당할 전자공학자도 필요하고, 탑재체에 들어갈 전문 프로그램을 코딩할 프로그래머도 필요하다. 위성의 임무를 물리적으로 엄밀하게 검증하는 우주물리학자도 필요하고, 우주로 나간 위성이 우리와 통신할 수 있도록 지상에 수신 안테나를 만들고 통신 프로그램을 만들어줄 통신 전문가도 필요하다. 인공위성이 지상으로 보낸 자료들을 다른 과학자들이 사용하기 쉽게 후처리해줄 위성 자료 분석 전문가도 필요하다. 그리고 이 모든 일을 책임지는 프로젝트 책임자가 프로젝트 제안서 작성을 총괄한다.

위성을 만들려면 하드웨어를 제작할 수 있는 팀을 구성해야 한다. 이를 위해 관련 분야의 연구자들이 의기투합해서 어떤 탑재체들을 위성에 실을지 연일 토의한다. 어떤 연구를 할 것인가에 따라서 탑재체도 달라지기 때문에 열띤 토의가 이어진다. 논의 후에는 아직 해결되지 않은 과학적 의문을 풀 만한 주요 탑재체를 선택하고, 역할을 분담해 탑재체를 개발할 구성원들을 모은다.

위성 탐사 프로젝트를 성공시키기 위해서는 실무에서 뛸 과학자와 엔지니어, 위성 발사 이후에 발생하는 과학 자료를 분석할 과학 임무 팀뿐 아니라 이 프로젝트 전체를 꿰뚫고 운영해가는 관리자의 능력도 중요하다. 전체 프로젝트의 리더를 프로젝트 투자가Project Investigator, PI라고 하고, 실무를 총괄하고 관리하는 구성원을 프로젝트 매니저ProjectManager, PM라고 한다.

위성체 본체와 탑재체, 지상국 등의 하드웨어 개발을 총괄하는 사람을 시스템 엔지니어System Engineer, SE라고 한다. 시스템 엔지니어는 실무를 총괄하므로 전체 개발 과정을 꿰뚫고 있어야 한다. 또한 많은 서브시스템을 개발하면서 위기를 관리한다. 따라서 위성 개발에 관한 핵심 기술을 갖추고 가장 숙련된 엔지니어가 시스템 엔지니어를 맡는 경우가 많다. 나는 현재 개발 중인 도요샛SNIPE위성 프로젝트의 시스템 엔지니어를 맡고 있다. 시스템 엔지니어는 하드웨어뿐 아니라 팀을 구성하는 연구원들과 관련한 인력 관리, 부품 관리, 우주 환경 시험, 위성 발사, 발사 이후 지상국 운영 등 모든 단계에 책임을 진다. 나사NASA는 시스템 엔지니어링의 중요성을 항상 강조하며, 위성 프로젝트 전반을 디자인하고 각 단계의 성능 실험 진행 절차를 안내하는 책을 출판하고

● 시스템 엔지니어링을 위해 나사에서 출판하는 안내서. 위성 개발 모델 단계별로
필요한 시험 수준이 상세히 기술되어 있다.

있다.

다양한 분야의 전문가들이 참여하는 위성 프로젝트를 진행하기
위해서는 모든 연구원의 임무를 할당하고 업무 진도를 관리하며 인력
누수에도 대응하는 등의 많은 일을 해야 한다. 그러므로 시스템 엔지니
어 외에도 본체의 각 서브시스템별로 담당자가 존재한다. 탑재체를 제
작할 때는 기계부, 전자부, 구조조립부 등 분야별 전문가들이 의견을

조율하고 결정한다.

인공위성들은 각각의 모양이나 구조, 시스템이 전혀 다르다. 따라서 연구원들은 매번 완전히 새로운 일을 하는 것처럼 단계별로 시험, 실험, 검증, 확인 작업을 하고 위성의 임무가 실패할 확률을 줄이고자 노력한다.

위성 탐사 프로젝트를 성사시키려면 이렇듯 만드는 사람뿐 아니라 옆에서 지원하는 응원군도 많이 필요하다. 우주에 탐사선을 보내려면 당연히 천문학적 예산이 필요하고 오랜 시간이 걸리기 때문에 과학자 집단 이외의 지지자들을 모으는 것이 매우 중요하다. 지지자들을 모으는 방법은 언론이나 대중 매체를 통해 홍보하는 방법, 관련 학회에서 연구 주제를 발표하는 방법 등이 있다. 관련 분야 연구자들이 우리 임무의 중요성을 인정하고 함께 과학 자료를 분석하겠다는 의사를 적극 표하면 재원을 확보할 가능성이 조금이라도 커질 수 있다. 그러므로 탐사 계획을 사전에 많은 사람에게 알리기 위해 많은 학회에서 여러 차례 발표하고, 언론과 인터뷰도 한다. 보통 프로젝트 제안서를 작성하기 전에 사전 연구를 실시하여 비교적 분량이 짧은 기획 보고서를 만든다. 가능하면 임무 설계에 관한 물리적 계산과 시뮬레이션을 공개하는 과학 논문을 작성하기도 한다. 위성 탐사 임무의 중요성을 대내외적으로 알리고 한 명이라도 더 아군으로 만들기 위해서는 이 모든 일이 반드시 필요하다.

## 제안서 작성과 예산 확보

최고의 전문가들이 모인 연구단이 처음 진행하는 공동 작업은 연구 제안서 작성이다. 이때 중요한 것은 우리의 연구가 어떤 중요한 과학적 발견을 할 것인지를 최대한 매력적으로 보이도록 부각하는 것이다. 연구자라면 대부분 연구 재원을 마련하기 위해 일상적으로 제안서를 작성한다. 언제나 다른 연구 팀들도 재원을 확보하려 노력하기 마련이므로, 우리 팀의 제안서가 단번에 성공할 확률은 그리 높지 않다. 최선을 다해 제안서를 만들더라도 뽑힐지 여부는 알 수 없는 것이다. 다른 연구자들도 언제나 최선을 다해 제안서를 준비하므로 선정 경쟁은 매우 치열하다.

제안서에는 과학 임무의 중요성과 개발 기간, 예산, 탑재체 사양, 과학 자료의 활용 가능성, 과학 발전에 기여하리라고 예상하는 점 등의 기대 효과 등을 가능한 한 자세히 담아야 한다. 그래야 많은 비용이 드는 우주 탐사를 왜 실행해야 하느냐는 의문을 줄이고 당위성으로 설득할 수 있다. 설득 대상은 주로 예산을 결정하는 공무원들과 세금을 내는 일반 국민들이다.

어쨌든 각 분야의 최정예 인력들이 기량을 발휘하여 최상의 연구 제안서를 작성해도 대개 여러 번의 실패를 경험한 후에야 비로소 제안서가 수락되고 재원이 확보된다. 예산이 결정되었다면 이제 본격적으로 인공위성 설계에 착수하자.

## 인공위성 설계

인공위성의 과학 임무를 '화성 유인 탐사를 대비한 화성 표면 우주 방사선 측정'으로 결정했다면, 임무를 위해서는 화성 표면을 이동하며 여러 장소에서 관측을 수행할 로버와 탑재체가 필요하다.

그렇다면 우주방사선 중 어떤 입자 종을 관측하겠다는 구체적인 요구 조건과 하드웨어 사양을 결정해야 한다. 모든 입자 종 가운데 중성자와 양성자가 측정 물질에 전달하는 에너지가 가장 크므로 주로 중성자와 양성자를 측정하기로 한다.

이제 중성자와 양성자를 관측하는 관측기, 즉 탑재체를 결정해야

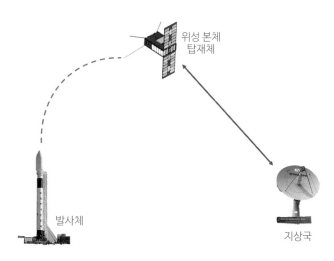

위성 본체
탑재체

발사체

지상국

○ 위성 시스템 구성

한다. 측정하려 하는 입자 종과 에너지 대역에 따라 관측 방식이 달라지므로 이를 결정한다. 이때 중성자와 양성자의 특정 에너지 대역을 관측할 수 있도록 컴퓨터 시뮬레이션을 해야 한다. 어떤 관측기로 어떻게 측정하면 우리가 원하는 에너지를 가진 입자를 정확히 측정할 수 있는지를 철저히 검증한 다음 탑재체를 상세하게 설계해야 하기 때문이다. 많은 컴퓨터 시뮬레이션 결과에 따라 물리적인 기계 구조가 결정되므로, 시뮬레이션도 인공위성 설계에 포함된다.

인공위성을 디자인하고 설계할 때는 수요자의 요구 사항을 철저하게 반영한다. 수요자가 원하는 임무를 수행하기 위해 탑재체의 성능을 결정한다. 탑재체는 인공위성이 무슨 일을 할지 결정하기 때문에 인공위성의 꽃이라고도 불린다. 엔지니어들은 위성이 우주에서 보내는 정보를 직접 활용할 수요자의 요구 조건에 따라 최적화하여 설계한다. 만약 해상도가 높고 정밀한 지구 표면의 사진을 요구한다면 해상도 높은 광학카메라를 설계해야 한다. 일반적으로 농업이나 해양, 기상 등 실용적인 분야에 해상도 높은 사진이 필요한 경우가 많다. 이처럼 위성의 임무에 따라 탑재체의 종류가 결정된다.

## 인공위성 제작

인공위성을 만들 때는 단계별로 매우 엄격하고 까다로운 절차를 지켜야 한다. 우주의 환경은 전자 제품이 견뎌내기에는 매우 가혹하기 때문이다. 수많은 반도체로 구성된 인공위성은 우주 공간에서 오래 살

🌑 2006년 발사되어 2015년 명왕성을 근접 통과한 뉴호라이즌스

아남기 힘들다. 따라서 위성이 임무를 완수하며 설계 수명 동안 무사히 작동하도록 하려면 지켜야 할 조건이 매우 많다. 예를 들어 우주방사선을 차폐하기 위해 표면에 알루미늄이나 티타늄을 두껍게 도포해야 한다. 또한 차갑고 뜨거운 극한 온도 범위에서 살아남을 수 있는 전자 부품을 사용해야 한다. 이런 이유로 우주에서 사용할 수 있는 반도체space parts의 가격은 부르는 게 값인 경우가 많다.

인공위성은 임무에 따라 제작자나 사업 규모가 달라진다. 위성이 상업용이라면 민간 기업에서 제작한다. 크기도 임무에 따라 달라지는데, 상업용 인공위성은 대부분 중대형급 이상으로 크다.

위성의 임무가 과학적 실험이나 관측이라면 주로 국가가 재원을 충당하고, 국립 연구소나 대학교에서 실질적인 제작을 맡는다. 이때는 위성의 규모가 상대적으로 작아지고, 예산도 적은 경우가 대부분이다. 그 이유는 현재까지 우리나라가 과학위성을 지구 저궤도에만 발사하기 때문이다. 만약 임무가 심우주 탐사처럼 시간이 오래 걸리고 기술적으로 어려우며 성공하기 까다롭고 도전적이라면 더 큰 재원이 필요하고 위성도 더 커야 한다. 이때는 국가 연구소가 주도하여 개발을 진행하는 경우가 많다.

그럼 인공위성을 제작하려면 어느 정도의 기간이 필요할까? 크기에 따라 다르지만 3~5년 정도가 걸린다. 각 분야의 전문가들이 참여하며 많은 연구 인력이 필요하기 때문이다. 우리나라 저궤도 위성의 경우는 참여 인력이 100여 명이다. 반면 명왕성 탐사위성 뉴호라이즌스의 참여 인력은 자그마치 2,500여 명이었다.

## 인공위성 발사

인공위성은 특수한 목적을 위해 우주로 보내는 물체다. 위성을 원하는 궤도로 보내려면 막대한 에너지가 필요하고, 이를 위해서는 로켓이 필요하다. 로켓은 연료와 화학 반응물 등 추진제를 연소하여 인공위성을 목적지인 궤도에 올려놓는다. 위성을 운반하는 과정에서 연소를 끝낸 로켓은 일반적으로 분리되어 지상으로 떨어진다. 이때 분리된 로켓의 잔해물들은 대부분 해상으로 떨어지도록 설계한다.

우리나라는 2009년과 2010년 나로우주센터에서 최초의 로켓 나로호를 두 차례 발사했지만 실패했고, 2013년 1월 발사에 성공했다. 2021년 10월에는 두 번째 로켓 누리호를 시험 발사했고, 2022년 6월 누리호의 2차 시험 발사를 성공적으로 마쳤다.

우리나라의 발사체는 아직까지 지구 저궤도에 위성을 올리는 추력만 낼 수 있다. 그러므로 화성에 가려면 다른 나라의 로켓을 활용해야 한다. 더 멀리, 더 높이 날아가야 하는 심우주 탐사를 위해서는 추력이 더욱 큰 로켓이 필요하기 때문에 우리나라도 대형 로켓을 개발해야 한다. 최근 초소형위성 발사에 대한 수요가 많아짐에 따라 대형과 소형 등 다양한 형태의 로켓이 필요해진 상황이다.

## 지상국 운영

인공위성을 무사히 우주로 발사하더라도 지상에서 할 일이 많이 남아 있다. 위성이 지상으로 보내는 자료들을 처리해야 하기 때문이다. 우주로 나간 위성체를 운영하는 지상국ground station에서는 위성과의 통신, 자료 송수신, 명령 전달 등을 수행한다.

나사는 인공위성의 움직임을 지상에서 종합적으로 통제하는 임무 운영 센터Mission Operation Center, MOC 혹은 임무 조정 센터Mission Control

©NASA

미국 텍사스주 휴스턴에 위치한 린든 B. 존슨 우주센터의 임무 운영 센터

Center, MCC를 운영한다. 이곳은 바로 텍사스주 휴스턴의 린든 B. 존슨 우주센터Lyndon B. Johnson Space Center에 있다. 우주를 배경으로 한 할리우드 영화에 나오는 우주선이나 국제우주정거장 등에서 우주비행사가 지상과 통신할 때 자주 등장하는 단어가 '휴스턴'이다.

우리나라에서는 한국항공우주연구원과 인공위성연구소, 한국천문연구원 등이 임무 운영 센터를 운영 중이거나 운영을 시작할 예정이다. 임무 운영 센터 건물 주변이나 옥상에는 우주와 통신하기 위해 설치한 대형 접시안테나가 많다. 한국천문연구원 옥상에도 7m급 S 밴드 접시안테나가 설치되어 있다. 이 안테나는 2012년 나사가 지구방사선대를 관측하기 위해 발사한 쌍둥이 위성 밴 앨런 프로브Van Allen Probes,

©한국천문연구원

◖ 대전 한국천문연구원 본원 옥상의 7m급 S 밴드 접시안테나

VAP의 자료를 수신하기 위해 만들어졌다. 밴 앨런 프로브의 임무는 2019년에 종료되었다. 이 접시안테나는 조만간 발사될 4기의 도요샛위성과 통신하는 데 사용될 예정이다.

　　인공위성이 우주에서 성공적으로 제자리를 잡으면 이후의 일은 온전히 지상의 몫이다. 위성을 직접 관찰할 수 없으니 우리 눈에 보이는 것은 운영 센터에서 위성과 통신하는 컴퓨터의 커다란 모니터 화면

들뿐이다. 칠흑 같은 우주를 배경으로 위성이 움직이는 모습을 보고 싶다면, 셀카를 찍을 수 있도록 카메라를 몸체에 달면 좋을 것 같다.

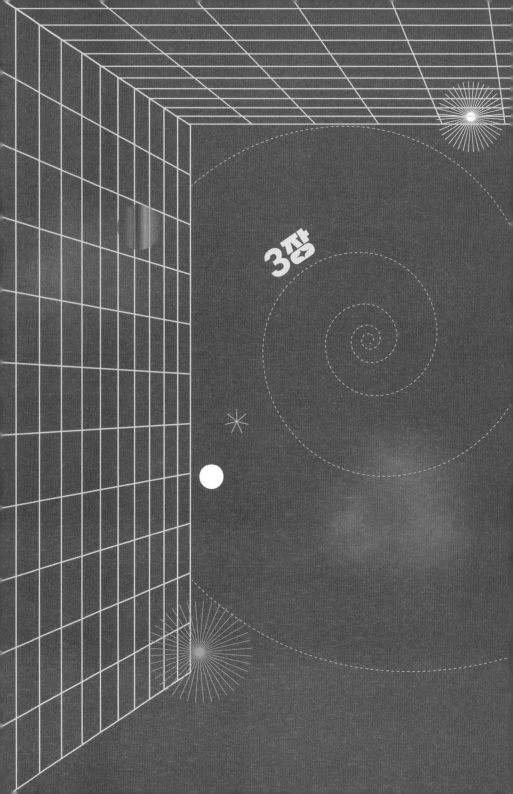

인공위성

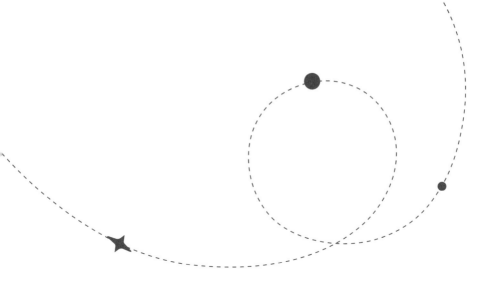

인공위성의 종류는 크게 임무<sup>mission</sup>, 형상<sup>configuration</sup>, 궤도<sup>orbit</sup>, 무게<sup>mass</sup>에 따라 나눌 수 있다.

## 임무 또는 탑재체에 따라 나누기

개발 초기에 연구진이 인공위성의 임무를 결정하면 탑재체도 결정된다. 따라서 임무가 곧 탑재체를 의미한다고 할 수 있다. 위성의 탑재체나 임무는 매우 다양하다. 첫 번째는 일상생활 및 기업의 생산 활동과 직간접적으로 관련된 실용위성이다. 대표적인 것이 방송/통신위성이며, 기상위성과 항행<sup>navigation</sup>위성도 인류의 생활에 큰 영향을 미치고 있다. 특히 위성 위치 측정 시스템Global Positioning System, GPS은 지상, 해상 또는 항공기의 이용자에게 현재 위치를 1m 이내로 정확히 알려줄 수 있다. 원격탐사위성은 자원, 농작물 작황, 대기 오염 등을 관찰하기 위해 지구를 주기적으로 탐사한다. 두 번째는 과학적 목적을 위한 위성이다. 우주과학 및 지구 환경 측정, 천체 관측용 위성들이다.

우주로 발사된 인공위성이 마음대로 돌아다닐 수 있는 것은 아니다. 갈 수 있는 자리들이 정해져 있고, 자리싸움도 치열하다고 할 수 있다. 위성이 갈 수 있는 자리를 임무 궤도라고 한다. 이 궤도에 따라 위성이 움직이는 고도가 달라진다. 우리나라의 다목적 실용위성(아리랑) 3A호는 528km 높이에서, 통신해양기상위성(천리안) 2A호는 3만 6,000km 높이에서 지구 주변을 움직인다. GPS 위성 같은 항법위성은 2만 2,000km 근처에서 수십 개의 위성이 일정한 간격으로 궤도면을 만

| 임무 | 궤도의 종류 |
|---|---|
| 통신 | 저궤도, 중궤도 및 정지궤도 |
| 지구 자원 탐사 | 극저궤도 |
| 기상 | 극저궤도 또는 정지궤도 |
| 항행 | 극저궤도 |
| 천문 | 다양한 고궤도 |
| 우주 환경 | 탐사 로켓을 포함한 다양한 궤도 |
| 군사 | 극저궤도 |
| 우주정거장 | 저궤도 |
| 기술 시험 | 다양한 궤도 |

🌑 임무에 따른 위성 궤도의 종류

들면서 움직인다. 이처럼 임무가 지구 관측인지, 통신이나 기상인지 등에 따라 저궤도low earth orbit, LEO(250~2,000km), 중궤도middle earth orbit, MEO(2,000~3만 6,000km), 정지궤도geostationary orbit, GEO(3만 6,000km)로 달라진다. 주어진 임무에 따라 우주에서의 자리가 결정되는 것이다.

## 방송/통신위성

다양한 인공위성 중 현재까지 인간이 가장 유용하게 활용해온 것은 방송/통신위성이다. 통신위성은 지구의 한 지점에서 다른 지점으로 라디오, 전화, 텔레비전 방송 데이터를 전달한다. 통신위성은 지구의 자전주기와 동일한 정지궤도에 있기 때문에 지상에 있는 사람들이 24시간 휴대전화로 통화를 하고 방송을 볼 수 있다.

저궤도와 중궤도는 정지궤도보다 지구에서의 거리가 짧기 때문에 위성의 전파 신호가 왕복하는 시간도 짧다. 따라서 이곳의 위성은 정지궤도 위성보다 빠르게 통신할 수 있다. 정지궤도는 고도가 높아서 전파의 송수신 시차가 저궤도와 중궤도보다 훨씬 크기 때문에 점차 저궤도 위성과 중궤도 위성을 이용한 통신이 활성화하고 있다.

지구에서 출발한 전파가 위성에 도달했다가 지구로 되돌아오는 왕복 시간을 전파 지연 시간이라고 한다. 전파 지연 시간은 정지궤도의 경우 0.5초이며 중궤도는 0.13초(1,000km 기준), 저궤도는 0.025초다. 저궤도는 정지궤도보다 송수신에 유리하지만 지상의 좁은 영역만 담당할 수 있기 때문에 여러 개의 위성이 필요하다.

최근에는 저궤도 위성통신 서비스가 급격히 주목받고 있다. 저궤도 위성통신의 장점은 기존의 정지궤도 위성통신보다 송수신에 걸리는 시간 지연이 짧아서 지상의 인터넷 속도가 매우 빨라진다는 것이다. 스페이스X는 2027년까지 4만 2,000개의 위성을 550km 상공의 지구 저궤도에 발사할 계획이며, 이미 3,582개의 위성(2023년 2월 기준)을 저궤도에서 운영 중이다. 영국 기업 원웹은 현재 146개의 위성을 저궤도에 올려놓았고, 내년까지 648개의 위성을 1,200km 궤도에 발사할 계획이다. 제프 베이조스가 이끄는 블루 오리진도 3,000개의 저궤도 위성으로 인터넷망을 구축하는 카이퍼 프로젝트를 계획하고 있다.

미국의 투자은행 모건스탠리는 저궤도 위성통신 서비스 시장이 2040년까지 연평균 36%씩 성장할 것으로 전망했다. 이렇게 높은 성장률을 예측하는 근거는, 아직도 광통신망에 기반한 통신 서비스를 도입하지 못한 지역이 많기 때문이다. 국제전기통신연합ITU에 따르면 전 세계 인구 78억 명 중 36억 명이 여전히 인터넷에 접근하지 못하고 있다. 저궤도 인터넷 시장이 주목받는 또 다른 이유는 무선데이터 통신량이 폭발적으로 증가하리라고 예상되기 때문이다. 머지 않아 인공지능에 기반한 자율주행 자동차나 도심 항공 모빌리티 등의 제품과 서비스가 등장할 것이다. 이들을 제대로 사용하려면 데이터 통신이 24시간 내내 끊기지 않아야 한다. 그러므로 현재의 통신 용량으로는 모든 지역에 서비스하기가 힘들어질 것이다. 사실 저궤도 인터넷의 주요 목적은 인터넷의 음영지역을 없애는 데 있다.

# 기상위성

기상위성은 기상예보를 위한 기본적인 관측 자료를 제공한다. 보통 정지궤도에서 지상의 넓은 영역을 관측하기 위해 제작된다. 정지궤도 기상위성은 한 번에 지구의 3분의 1 정도 영역의 구름, 습기 및 온도 특성을 보여줄 수 있다. 기상예보를 주관하는 기관은 저궤도 위성, 항공기 및 지상 관측을 통해 국소적으로 얻은 자료를 해석하는데, 전 지구적 규모로 발생하는 기상 현상을 관측하는 데는 정지궤도 위성이 효과적이다. 예컨대 태풍이 발생했을 때 정지궤도 위성을 이용하면 발생 직후부터 시간이 지남에 따라 대륙 간을 이동하는 경로와 변화 상황 등을 알 수 있다.

미국의 군사기상위성Defense Meteorological Satellite Program, DMSP은 대표적인 저궤도 군사기상위성이다. 미국 국방부의 위성으로 미국 우주군이 관리하고 있다. 기상, 해양, 태양-지구물리학을 위한 탑재체들을 탑재한 이 위성은 830km의 저궤도에서 움직인다.

저궤도 기상위성은 보통 태양동기궤도sun-synchronous orbit에 있기 때문에 하루 중 같은 지역에 도착하는 시간을 동일하게 정할 수 있다. 태양동기궤도에서는 지구가 태양 주위를 공전하는 궤도의 주기와 동일하게 궤도 평면이 움직인다. 태양동기궤도 위성은 매번 궤도 회전을 할 때마다 동일한 지방시local time에 근점을 통과한다. 그러므로 지상 관측용 카메라를 탑재한 위성은 태양동기궤도에서 움직이는 경우가 많다.

반면 미국 해양대기청이 운영하는 정지궤도 기상위성Geostationary

Operational Environmental Satellite, GOES 같은 고궤도 기상위성은 지구 전체의 반구를 계속 촬영하는 것이 목적이기 때문에 정지궤도에 있다.

## 항행위성

1973년 미국 국방부는 전투기나 탱크가 발사하는 미사일을 목표물로 정확히 유도하기 위해 GPS를 개발했다. 지구 주위를 한 바퀴 도는 데 걸리는 시간인 궤도주기가 12시간인 24기의 인공위성이 무선 신호를 발사하는 유도 장치다. 각 위성은 지상, 항공기, 위성 등에 설치된 소형 수신기가 포착할 수 있는 신호를 계속 중계한다. 3기 이상의 위성이 보내는 신호를 동시에 관측하면 수신기가 현재 위치와 시간을 각각 1m와 0.1m/sec의 정확도로 결정할 수 있다.

현재 항공기 관제, 지진 감시 및 재난 구조 등에 GPS 위성을 필수적으로 활용하고 있다. 또한 대부분의 자동차에 설치된 내비게이션 시스템도 GPS 위성의 자료를 활용한다. 우리가 스마트폰으로 사용하는 많은 애플리케이션도 GPS 정보를 활용한다. 군사 분야에서도 GPS 위성의 자료를 감시와 방어 등의 전략적 활동에 이용할 수 있다. 이처럼 실용적인 위성이기 때문에 수요자가 매우 많다.

## 군사정찰위성

과거 냉전시대에 미국과 소련은 적국의 군사적 위치, 중요한 변화 등을 감시하기 위해 많은 정찰위성을 발사했다. 소련은 냉전 기간에만

약 2,000개의 코스모스Kosmos 위성을 발사했다고 알려져 있다. 이 위성들 중 절반 이상의 목적은 정찰이었다. 정찰위성의 주 임무는 미사일 발사 감시를 위한 적외선 감지, 레이더를 이용한 항공기나 군함 추적, 지상에 대한 시각적 관찰, 라디오 전송 차단 등이다.

적외선 정찰위성의 대표적인 예는 미국의 DSPDefense Support Program고, 레이더 정찰위성의 대표적인 예는 SBR Space-Based Radar이다. DSP는 대륙간탄도미사일을 탐지하기 위해 미국이 1970년대에 발사한 초기 정찰위성이다. 미국 국방부의 SBR은 합성개구레이더Synthetic Aperture Radar, SAR 기술을 적용한 탑재체를 탑재했다. 합성개구레이더 기술은 지금도 여러 나라가 정찰위성에 사용하고 있다. 주로 항공기나 군함을 추적하는 레이더 정찰위성은 미사일도 추적할 수 있다. 군사정찰위성Military Reconnaissance Satellite은 높은 신뢰도와 대체 능력, 통신 보안이 필요하다. 특히 위성 설계자들은 전시에 통신 보안을 유지하기 위한 설계에 많은 노력을 기울이고 있다.

## 원격탐사위성

원격탐사위성Remote Sensing Satellite의 임무는 지구 표면과 대기를 관측하는 것이다. 따라서 관측 거리를 최소화하기 위해 대개 저궤도에서 움직인다. 위성으로 원격탐사를 하면 실용적·경제적 이득이 크고 활용도가 넓다. 원격탐사 초기에는 주로 지구 자원을 탐사했지만, 지금은 과학자뿐 아니라 모든 인류를 위해 필요한 정보를 수집하고 제공한다.

대표적인 원격탐사위성은 미국의 랜드샛Landsat과 프랑스의 스팟SPOT이다. 이 위성들이 다양한 파장으로 촬영한 영상들은 농작물의 작황을 살피거나, 지질 자원을 탐사하거나, 지구의 환경 변화를 연구하는 데 이용된다. 랜드샛 1호, 2호, 3호는 910km 저궤도에서 움직이고 4호와 5호는 705km의 태양동기 저궤도에서 움직인다. 랜드샛의 제작, 발사 및 운용은 미국의 스페이스 이미징사가 맡고 있다. 한편 대부분의 스팟 위성 시리즈는 810km의 태양동기 저궤도에서 움직인다.

우리나라의 대표적인 원격탐사위성은 한국항공우주연구원이 개발해온 아리랑 시리즈다. 다목적 실용위성으로도 불리는 아리랑은 산불이나 화산 활동, 핵 시설 같은 군사시설 가동 여부, 도심 열섬 같은 고온 현상을 포착하는 데 활용된다. 현재까지 우리나라는 아리랑 1호, 2호, 3호, 5호, 3A호를 발사했으며, 6호와 7호는 2022년 하반기에 발사할 예정이다. 기상청도 원격탐사위성을 활용하는 대표적인 원격탐사기관이다. 정지궤도 복합위성(천리안) 2A호와 2B호를 발사하여 기상 관측, 해양 관측, 우주기상 관측 분야에 활용하고 있다.

위성으로 지상을 탐사할 때는 어느 범위를 관측하느냐가 중요하다. 이때 결정해야 할 것이 시야각field of view, FOV, 지상 추적 거리ground track spacing, 궤도경사각 등이다. 궤도와 고도를 택할 때 중요한 요소는 시야각, 지상 추적 거리, 관측 대역폭observational swath width, 대기 항력atmospheric drag 보정을 위해 궤도 안정성을 유지할 필요성 등이다. 궤도경사각을 결정할 때는 주로 관측할 위도, 발사체와 발사장의 방위각

azimuthal angle 등을 고려한다. 위성이 있는 곳의 플라스마 밀도에 따라 결정되는 대기 항력은 위성의 자세를 제어하는 데 매우 중요한 정보다. 최근 스페이스X의 저궤도 통신위성 49기 중 40기가 지자기폭풍으로 인해 증가한 대기 항력 때문에 목표 궤도에 안착하지 못하고 대기 중으로 소실되는 큰 사건이 발생하기도 했다.

##  모양에 따라 나누기

### 위성의 모양에 영향을 미치는 자세 안정 방식

지상에서 발사된 인공위성은 최종 궤도에 도달할 때까지 궤도 제어 시스템의 통제를 받는다. 목표한 궤도에 정상적으로 안착하면 위성은 자세 제어 시스템을 사용하여 마지막으로 필요한 자세를 취한다. 자세 및 궤도 제어 시스템의 목적은 위성체의 자세 및 궤도에 영향을 미치는 내외부의 교란 요소를 해결하고, 위성이 정상적으로 임무를 수행할 수 있는 방향으로 지향하여 자세를 안정화하는 것이다.

위성의 자세에 영향을 미치는 외부 교란 요소는 고도에 따른 중력의 차이, 자기장값의 차이, 고도에 비례하는 태양 복사압 등이다. 외부 요소 때문에 위성의 자세가 달라지면, 지상국에서 위성의 자세와 궤도를 조절한다.

인공위성의 자세를 안정적으로 유지하는 방식은 크게 수동제어 passive control와 능동제어active control 두 가지로 나뉜다. 수동제어는 초창기의 소형위성들이 단순 회전이나 지구 중력 같은 자연적 힘의 균형을 이용하여 안정 상태를 유지한 방법이다. 수동제어에는 한쪽 끝에 무거운 추가 달린 막대를 이용하는 지구 중력 경사 안정화 방식과 전자석을 이용하는 지구자기장 방식이 있다.

능동제어는 위성에 서브시스템을 부착하여 적극적으로 자세를 제어하는 방식이다. 능동제어 방식에는 위성 몸통을 팽이처럼 회전시켜 안정화하는 회전 안정화 방식, 몸통을 회전시키지 않고 몸통의 3축 균형을 조절하는 3축 안정화 방식이 있다. 최근에는 인공위성을 제어하는 동역학과 제어 이론이 발달함에 따라, 위성을 원하는 방향으로 조종하고 외부 교란을 흡수하여 정확하고 안정된 자세를 유지하는 능동제어 방식이 주로 사용된다.

위성의 자세 안정 방식은 위성의 모양을 결정한다. 모양에 따른 위성의 종류는 크게 박스형(또는 3축 안정화 방식)과 원통형(또는 회전 안정화 방식)으로 나뉜다.

**박스형 위성**

지금까지 우리나라가 만든 위성은 모두 박스형(3축 안정화 방식) 위성이다. 이 위성은 몸통의 x-y-z축의 균형을 조절하여 자세를 조절한다. 모양은 박스처럼 생긴 정육면체고, 태양전지판이 붙어 있다. 태양

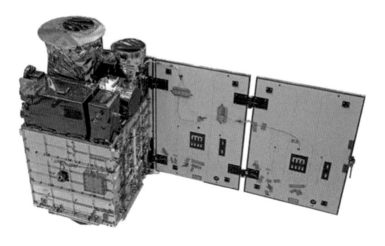

◗ 3축 안정화 방식이 채택된 차세대 소형위성 2호

전지판은 관성적으로 태양을 향하기 위해 몸통과 반대로 회전한다. 위성의 몸체는 궤도에 따라 안테나와 센서가 지구를 향하도록 한 축을 기준으로 저속으로 회전(정지궤도 위성의 경우 하루에 1회전)하는 부분을 제외하면 관성적으로 안정하게 제작한다.

　　이 자세 제어 방식을 사용하면 자세를 정확히 유지하기 위해 추가 탑재체를 고려해야 하므로 본체의 구성이 복잡해진다. 하지만 태양전지 패널을 넓게 펴서 전면이 항상 태양을 향하게 할 수 있기 때문에 원통형의 회전 안정화 방식보다 효율적으로 전력을 생산할 수 있다.

## 원통형 위성

원통형(회전 안정화 방식) 위성은 역사적으로 정지궤도나 몰니야궤도의 고고도 임무에 주로 사용되었다. 이름에서 알 수 있듯이 원통형 위성은 팽이처럼 일정한 속도로 회전함으로써 자세를 안정시킨다. 고속으로 회전하는 회전체가 회전축을 일정하게 유지하려고 하는 물리적 성질인 '자이로 효과'를 활용한 것이다. 즉, 팽이가 빠르게 회전할 때 자세가 안정적인 원리를 생각하면 된다. 회전 안정화 방식은 두 가지로, 몸통 전체가 일정한 각속도로 회전하는 단순 회전 방식과 두 부분으로 나뉜 몸통 중 한 부분만 회전하는 이중 회전 방식이 있다.

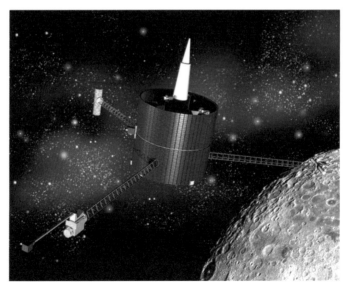

©NASA

● 회전 안정화 방식이 채택된 미국의 달 탐사선 루나 프로스펙터Lunar Prospector

# 궤도에 따라 나누기

궤도는 위성이 우주에서 지나다니는 길이다. 궤도에 따라 위성을 분류하기도 한다. 보통 고도 250km에서 2,000km 사이의 저궤도, 2,000km에서 3만 6,000km 사이의 중궤도, 지구의 자전 속도와 같은 속도로 지구 주위를 돌 수 있는 3만 6,000km의 정지궤도가 있다. 특이한 궤도로는 러시아의 지역적 특성을 이용하여 북극 지역에서 좋은 시야를 얻을 수 있는 몰니야궤도Molniya orbit가 있다.

통신위성은 모든 궤도에서 움직일 수 있고, 지구 관측이나 측지를 위한 위성은 저궤도, 항행위성은 중궤도, 기상위성은 저궤도 및 정지궤도, 방송통신위성은 정지궤도가 적합하다.

위성의 궤도 및 고도는 전파의 송수신 시간 지연 차이, 신호 전력signal power, 밴 앨런대 회피, 지상 안테나의 크기, 위성이 가시 영역에 들어올 수 있는 시간, 위성이 실제로 관측할 수 있는 지구 표면의 영역 등에 따라 결정된다. 특정 임무를 위해 선정된 궤도는 위성체 설계에 큰 영향을 미친다.

저궤도를 고도 250~2,000km로 정한 이유는 일반적으로 250km 이하에서는 공력 저항aerodynamic drag이 위성에 미치는 영향이 커서 이를 보상하려면 많은 연료가 필요해지기 때문이다. 로켓이나 인공위성이 대기 중으로 진입할 때 몸체에 작용하는 힘은 위성체를 추진시키는

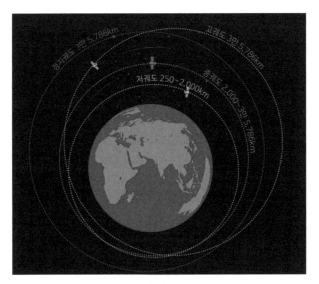

● 위성의 궤도와 고도

추력thrust, 들어 올리는 양력lift, 공기 저항에 의한 항력drag, 비행체의 중량weight 등으로 나눌 수 있다. 이때 공기 때문에 발생하는 공력 저항이 양력과 항력이다. 항력은 대기 중의 플라스마 밀도의 영향을 받는다. 고도가 낮아질수록 대기 중 플라스마 밀도가 커지고, 플라스마가 만드는 항력이 커진다. 이를 보상해주려면 인위적인 추력이 필요하므로 에너지를 주입해야 한다. 추가 에너지를 공급하려면 추가 연료와 함께 발사해야 한다. 일반적으로 저궤도 위성을 설계할 때는 추가로 연료 무게를 고려해야 하는 궤도를 피한다.

또한 지구 궤도에는 고에너지 하전입자가 많아서 위성이 방사능에 피폭될 위험이 있는 밴 앨런대가 존재한다. 밴 앨런대는 크게 두 영역으로 나뉜다. 안쪽은 1,500~5,000km에 위치하며 주로 양성자로 이루어져 있고, 바깥쪽은 1만 5,000~3만km에 형성되어 있으며 주로 전자로 이루어져 있다. 중궤도는 두 영역 사이의 고도로 정하는 경우가 일반적이다.

## 저궤도

모든 위성이 원궤도로 움직이는 것은 아니다. 위성체의 궤도가 완벽한 원에서 벗어나 있는 정도를 수치화한 것이 이심률eccentricity이다. 이심률이 0이면 완벽한 원이고, 0~1 사이면 타원궤도, 1은 포물선 탈출 궤도, 1보다 크면 쌍곡선 궤도를 나타낸다. 타원궤도에서 초점에서의 거리가 가장 먼 지점을 원지점apoapsis이라 하고, 가장 가까운 지점을 근지점periapsis이라 한다. 이 두 점을 연결한 선이 궤도의 장축선apsis이다. 태양을 중심으로 볼 때는 원일점, 근일점이 되고 지구를 중심으로 볼 때는 원지점, 근지점이 된다. 인공위성이 돌고 있는 궤도면과 적도(지구의 자전 방향)면의 각도 차이를 궤도경사각이라 한다. 인공위성이 적도를 따라 돌면 궤도경사각이 0°고, 양 극점을 지나면서 돌면 궤도경사각이 90°인 극궤도가 된다.

일반적으로 저궤도 위성은 궤도주기가 90~100분 정도이며, 원궤도 또는 타원궤도를 사용한다. 궤도경사각은 0~90°보다 클 수 있다. 경사각이 90°보다 크면 지구의 회전과 반대 방향으로 위성을 돌게 할 수 있다. 저궤도를 이용하면 극 지역을 지나는 위성의 경사각을 높게 만들 수 있다. 이처럼 경사각이 높은 궤도는 지구관측위성과 정찰위성에 매우 중요한 요소다.

특수한 저궤도인 태양동기궤도는 궤도면이 태양에 대하여 항상 고정된 각을 유지한다. 즉, 매 궤도마다 위성이 지방시<sup>local time</sup>가 같은 지구 위의 점들을 통과한다. 지구는 궤도 아래에서 회전하기 때문에 위성은 매 회전마다 지구 표면의 다른 위치를 볼 수 있다. 이는 위성이 하루에 전 지구를 관찰할 수 있다는 뜻이다.

## 정지궤도

지구 정지궤도는 적도 상의 원궤도를 가리킨다. 정지궤도 위성의 궤적은 지구 표면 상의 경도에서 한 점으로 나타난다. 지상에 있는 관측자가 보기에는 정지궤도 위성이 하루 24시간 내내 고정된 곳에 있기 때문에 전파를 송수신하기 위해 안테나를 움직일 필요가 없다. 그러므로 하나의 위성이 기대 수명 동안 지상의 특정 영역에 끊김 없이 서비스를 제공할 수 있기 때문에 주로 방송통신위성의 궤도로 사용된다. 정지궤도 위성은 지구 반지름의 6.6배에 해당하는 고도 3만 6,000km 정도에서 움직인다. 3기의 정지궤도 위성으로 고위도 지역을 제외한 지구 전 지역을 관측할 수 있다. 따라서 국제통신위성의 궤도로도 적합하다.

그러나 정지궤도에는 단점도 있다. 궤도면이 적도로 제한되어 있

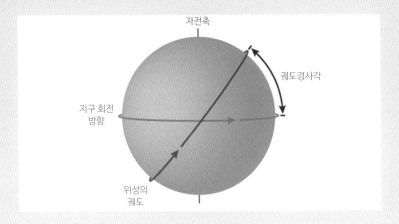

자전축

궤도경사각

지구 회전
방향

위성의
궤도

☽ 인공위성의 궤도경사각은 인공위성이 돌고 있는
궤도면과 적도면의 각도 차이를 뜻한다.

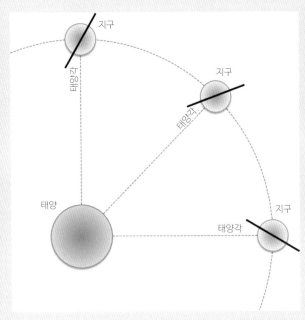

지구

태양각

지구

태양각

태양

지구

태양각

☽ 태양을 바라보는 태양각sun angle이 항상 같은 태양동기궤도.
굵고 검은 선은 위성 궤도다.

어서 여러 나라가 자리를 확보하기 위해 치열하게 경쟁할 수밖에 없다. 이런 이유로 정지궤도를 차지하려는 각국의 자리싸움이 가열되어 '우주 영토 분쟁'이 나타나기도 한다. 그래서 국제전기통신연합에서는 여러 나라의 갈등을 막고 위성 간 주파수 간섭을 배제하기 위해 경도 방향으로 2° 간격으로 각국 위성의 위치를 조정하고 있다. 따라서 이론적으로 정지궤도에 동시에 놓일 수 있는 위성은 최대 180개다.

## 몰니야궤도

타원궤도인 몰니야궤도는 이심률이 매우 커서 원지점이 3만 9,400km고 근지점은 1,000km다. 이 궤도를 이용하면 정지궤도로 관측할 수 없는 북극 지역을 오랫동안 볼 수 있다. 위성이 원지점 근처에서 매우 천천히 움직이므로 12시간의 궤도주기 중 약 8시간 동안 북극을 관측할 수 있기 때문이다. 러시아 과학자가 개발한 이 궤도는 궤도 경사각이 63°다. 3기의 몰니야궤도 위성만 있으면 극 지역을 비행하는 항공기와 통신하는 등의 임무를 수행하면서 북반구를 계속 관측할 수 있다.

## 타원형 고궤도

타원형 고궤도high elliptical orbit, HEO는 원지점의 고도가 약 4만km, 근지점의 고도가 1,000km인 가늘고 긴 타원형 궤도다. 원지점 근처에서는 위성의 속도가 가장 느려져 천천히 움직이고, 근지점 근처에서는 가장 빨라진다. 원지점 근처에서는 위성이 천천히 움직이므로 지상에서 보이는 시간이 길어서 2~3기의 위성을 교차하여 사용한다. 통신 영역이 넓기 때문에 3기의 위성으로 전 지구를 커버할 수 있다.

## 무게에 따라 나누기

발사할 때의 무게에 따라 인공위성을 분류할 수도 있다. 500kg 이하를 소형위성, 그 이상을 대형위성으로 간단히 나누기도 하고, 세분화해서 500kg 이하를 소형위성, 501~1,000kg을 중형위성, 1,001kg 이상을 대형위성으로 나누기도 한다. 500kg 이하의 위성은 무게에 따라 소형위성small satellite, 초소형위성micro satellite, 나노위성nano satellite, 미소위성pico satellite, 극소위성femto satellite 등으로 분류한다. 일반적으로 인공위성이 크고 무거울수록 제작하고 발사하는 데 더 많은 예산이 소요되기 때문에 최근에는 가능한 한 작게 만드는 추세다.

갈수록 전기·전자 및 기계 산업이 발전하고 고집적화 반도체와 신뢰성 높은 부품이 등장하면서 위성의 성능이 향상되고 가격은 낮아지고 있다. 이에 따라 인공위성을 작게 만드는 데 유리한 환경이 조성되었다. 특히 무게가 1~50kg 정도의 나노/초소형위성들은 보다 싼 가격으로 설계하고 상용 부품을 활용하여 대량 생산할 수도 있게 되었다. 나노/초소형위성은 일반적인 인공위성이 하기 어렵고 도전적인 우주

| 분류 | 무게(kg) | 한국어 명칭 | 국내 위성 시리즈 |
|---|---|---|---|
| Large satellite | >1,000 | 대형위성 | 다목적 실용위성<br>(아리랑) |
| Medium satellite | 500~1,000 | 중형위성 | 차세대 중형위성 |
| Mini satellite | 100~500 | 소형위성 | 과학기술위성,<br>차세대 소형위성 |
| Micro satellite | 10~100 | 초소형위성 | 도요샛 |
| Nano satellite | 1~10 | 나노위성 | 큐브위성 |
| Pico satellite | 0.1~1 | 미소위성 | |
| Femto satellite | <0.1 | 극소위성 | |

● 무게에 따른 위성의 명칭

비행 임무를 수행할 수 있다. 여러 곳에서 정보를 수집하는 위성 편대나 군집 위성을 구성할 수 있고, 중대형위성을 보조할 수도 있다. 또한 비교적 저렴하게 위성 시스템을 구현할 수 있어서 대학의 우주 관련 기초 연구나 교육 등에도 도움이 된다. 최근 전 세계적으로 많은 기관이 초소형위성을 활발하게 개발하고 있고, 우리나라 연구자들도 초소형위성의 다양한 임무를 제시하고 있다.

## 우리나라의 위성

이제 우리나라의 우주개발 계획을 살펴보자. 우리나라는 2040년까지 실행할 장기 계획을 이미 수립한 상태다. 소형위성과 중형위성의 시리즈뿐 아니라 다양한 위성을 언제 어떻게 어떤 목적으로 발사할지도 계획되어 있다. 위성을 시리즈로 만드는 이유는 위성의 수명이 정해져 있기 때문이다. 저궤도 인공위성의 기대 수명은 3~5년 정도이기 때문에 임무를 이어받을 후속 위성이 계속 필요해진다. 모양과 기능이 비슷한 위성들을 수명에 맞추어 계속 우주로 보내기 때문에 같은 시리즈의 위성은 이름이 같고 뒤에 붙은 숫자만 바뀐다.

위성에는 공식 프로젝트명으로 정해진 딱딱한 명칭 외에도 별명처럼 친근한 이름이 따로 붙는 경우가 많다. 누구나 쉽게 기억하고 부르도록 하기 위해서다. 다목적 실용위성은 아리랑, 통신해양기상위성(정지궤도 복합위성)은 천리안으로 불린다.

## 임무와 크기에 따른 분류

우리나라는 임무와 크기에 따라 위성을 분류하고 있다. 위성 시리즈는 소형위성, 다목적 실용위성, 차세대 중형위성, 방송통신위성, 정지궤도 위성, 군용 정찰위성 등으로 구분한다. 현재까지 우리나라는 저궤도 위성과 정지궤도 위성만 발사한 상태다.

무게가 100kg을 조금 넘는 소형위성은 지구 저궤도에서 움직인다. 우리별(1호, 2호, 3호), 과학기술위성(1호, 2A호, 2B호, 3호), 나로과학위성, 차세대 소형위성(1호, 2호)이 있다. 이 위성들은 순수하게 과학적 목적을 위해 만들어졌다.

| 시리즈 | 위성 |
|---|---|
| 소형위성 | 우리별(1호, 2호, 3호), 과학기술위성(1호, 2A호, 2B호, 3호), 나로과학위성, 차세대 소형위성(1호, 2호) |
| 다목적 실용위성 | 아리랑(1호, 2호, 3호, 3A호, 5호, 6호, 7호) |
| 차세대 중형위성 | 차세대 중형위성(1호, 2호) |
| 방송통신위성 | 무궁화(1호, 2호, 3호, 5호, 5A호, 6호(올레 1호), 7호) |
| 통신해양기상위성<br>(정지궤도 복합위성) | 천리안(1호, 2A호, 2B호) |
| 군용 정찰위성 | 425 위성 |

☽ 우리나라의 위성

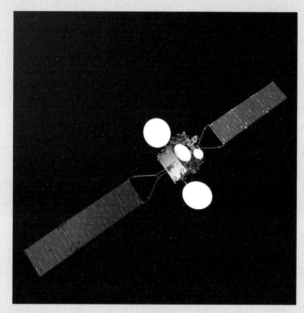

☽ 2017년 5월 발사된 방송통신위성 무궁화 7호.
정지궤도에서 움직이며, 설계 수명은 15년이다.

저궤도 위성이라는 점은 같지만 실용적 목적을 위해 개발하는 다목적 실용위성(아리랑 1호, 2호, 3호, 3A호, 5호, 6호, 7호)도 있다. 또한 공공적 목적을 위해 개발한 500kg급 저궤도 위성인 차세대 중형위성 1호와 2호가 있다.

방송통신위성(무궁화)과 통신해양기상위성(천리안)은 정지궤도에 발사된다. 방송통신위성은 무궁화 1호, 2호, 3호, 5호, 5A호, 6호(올레 1호), 7호가 있다. 통신 및 해양·기상 관측을 위해 개발된 천리안은 현재 1호, 2A호, 2B호가 발사되었다. 최근에는 대학과 연구소, 민간 업체 등이 10kg 이하의 초소형위성(혹은 큐브샛)을 활발하게 개발하고 있다.

우리나라 최초의 위성은 저궤도 소형위성인 우리별 1호다. 과학 임무를 주로 담당하는 소형위성의 계보는 우리별 1호, 2호, 3호에 이어 과학기술위성 1호, 2호, 3호, 그리고 차세대 소형위성 1호, 2호로 이어지고 있다. 저궤도 위성에는 과학기술위성 시리즈 외에도 다목적 실용위성 시리즈와 차세대 중형위성 시리즈가 있다.

과학기술위성은 100kg 이내의 소형위성으로, 한국과학기술원(카이스트) 인공위성연구소(구 인공위성연구센터)가 개발하기 시작했다. 지금도 100kg 소형위성 본체 플랫폼은 이곳이 도맡아 개발하고 있다. 내가 대학원 시절 처음으로 개발에 참여한 위성이 인공위성연구소에서 개발한 과학기술위성 1호였다. 내게 인공위성연구소는 과학자로서의 경력을 시작한 고향 같은 곳이다.

다목적 실용위성(아리랑)은 500kg급 위성으로, 지구 저궤도에서 움직인다. 지구 관측용 광학카메라나 레이더 등으로 지상의 물체를 인식할 수 있어서 재난 관리, 지도 제작, 환경오염 측정, 국방 정찰 등의 다양한 분야에 쓰인다.

우리나라가 다목적 실용위성 1호를 개발하던 당시에는 실용위성을 제작하는 기술이 없었기 때문에 미국의 산업체와 공동으로 개발했다. 가장 최근 개발하고 있는 다목적 실용위성은 2022년에 발사할 예정인 7호다. 지구를 고해상도로 광학 관측하는 것이 주 임무인 다목적 실용위성 7호는 세계 주요국들이 경쟁적으로 개발하고 있는 30cm급 초고해상도 광학위성이다. 본체와 탑재체 등 모든 분야를 국내 독자 기술로 개발했다. 이 위성이 특히 중요한 이유는 지금까지 한국항공우주연구원이 전담한 위성 본체 개발을 민간 기업이 주도하고 있기 때문이다. 우리나라는 민간 기업의 참여를 최대한 확대하여 국내 위성산업 분야를 활성화하기 위해 점진적으로 위성 개발 기술을 민간 기업에 이전하고 있다.

우리나라에서 개발하고 있는 500kg급의 지구관측위성인 차세대 중형위성 시리즈는 또 다른 저궤도 위성이다. 한국항공우주연구원이 주관하고 민간 기업의 연구 인력과 공동으로 개발함으로써 민간 기업들에 기술을 이전하고 있다. 차세대 중형위성 1단계 개발사업(1호, 2호)에서는 500kg급 중형위성용 표준 플랫폼을 개발하고 이를 활용한 고해상도 카메라를 탑재한다. 카메라의 해상도는 흑백사진은 0.5m, 컬러사진은 2m다.

2006년 발사된 다목적 실용위성(아리랑) 2호

차세대 중형위성 2호는 민간 기업이 종합 개발을 담당하고 한국 항공우주연구원은 기술 감리와 기술 지원 등을 한다. 차세대 중형위성 2호는 내가 개발하고 있는 도요샛위성과 마찬가지로 소유스 발사체에 실려 카자흐스탄 바이코누르 우주센터에서 발사될 예정이다. 보통 하나의 발사체가 한꺼번에 우주로 보낼 수 있는 무게가 정해져 있기 때문에 한 번에 위성 여러 대를 모아서 발사한다. 이때 1등급 손님에 해당하는 중대형위성의 발사 비용은 무게만큼 비싸고, 2등급 손님에 해당하는 소형위성이나 초소형위성의 발사 비용은 좀 더 싸다. 1등급 손님의 일정 때문에 발사 일정이 지연되거나 바뀌는 경우도 많다. 비싼 발사 비용을 내는 나라는 발사 날짜와 시간 등 중요한 변수를 결정할 수 있고, 계약할 때도 자국에 유리한 조건을 제시할 수 있다.

차세대 중형위성 2단계 개발사업(3호, 4호, 5호)에서는 1단계에 개발한 표준 플랫폼 기술을 활용하여 우주과학과 우주기술 검증, 농림과 산림 상황 관측, 수자원과 재난 재해 관리 등을 수행하는 3기의 위성을 독자 기술로 제작한다. 1단계와 마찬가지로 한국항공우주연구원은 기술을 관리하고 종합적으로 감독한다.

여기까지 보면 우리나라 실용위성 중 카메라로 지구를 촬영하는 광학위성이 주를 이룬다는 것을 알 수 있다. 위성을 우주로 보내는 목적은 다양한데, 우주에서 지구를 촬영한 사진은 직접적인 활용 가치가 높다. 그러므로 많은 나라가 1차적으로 위성을 개발할 때 광학위성에 중점을 두는 경우가 많다.

무궁화라고도 부르는 우리나라 방송통신위성은 정지궤도에서 움직인다. 정지궤도 위성은 기상 예측, 해양 관측, 통신 시험 등을 위해 지구 자전 속도와 동일한 궤도에서 365일 같은 지역을 관측할 수 있다는 것이 장점이다. 방송통신위성은 신뢰도가 중요하기 때문에 1호부터 외국 위성을 구매하고 있다. 즉, 아리랑이나 천리안은 국내 연구자들이 개발, 제작하지만 무궁화는 프랑스와 이탈리아의 합작회사 탈레스 알레니아 스페이스가 개발과 제작을 담당하고 있다. 방송통신위성 운영은 한국통신(현 KT)에서 주관한다.

우리나라 최초로 해양, 기상, 통신 임무를 종합적으로 수행하는 통신해양기상위성COMS은 천리안 또는 정지궤도 복합위성이라고 부른다. 이 위성은 적도 상공 3만 6,000km와 동경 128.2°에서 해양 관측, 기상 관측, 통신 서비스를 수행한다. 위성 본체는 프랑스와 공동으로 개발했다. 해양 탑재체는 한반도 주변 해역의 환경과 생태를 감시하고 클로로필 생산량을 추정하며 어장 정보를 생성한다. 기상 탑재체는 태풍, 집중호우, 황사 등 위험 기상을 미리 탐지하고 장기간의 해수면 온도 변화, 구름 자료를 통해 기후변화를 분석한다.

앞에서 열거한 위성들은 과학기술정보통신부가 주관하여 개발했다. 이와 별도로 국방부는 군사적 목적으로 정찰위성인 425 위성을 개발하고 있다. '425사업'은 우리나라가 킬 체인Kill Chain을 위해 5대의 군사용 정찰위성을 저궤도에 발사하는 사업이다. 킬 체인은 북한의 핵 위협에 대응하여 한국형 미사일 방어체계KAMD와 더불어 2023년까지 구축하기로 한 한미연합 선제타격 체제로, 30분 안에 목표물을 타격한다는 군사적 개념이다. 5대의 위성이 필요한 이유는 위성이 목표 지점을 재방문하는 주기를 짧게 만들기 위해서다.

## 과학위성이 예산을 얻기 어려운 이유

우주개발에 처음 뛰어드는 국가 대부분이 그러하듯이, 우리나라도 정부가 주도하여 위성을 개발하기 시작했다. 따라서 과학기술정보통신부에서 우주개발에 대한 계획을 세우고, 개발 일정과 위성의 종류

를 정했다. 어떤 위성이든 발사하고 자료를 활용하다 보면 자연히 노후
화하기 때문에 다른 위성으로 대체해야 하는 시기가 온다. 이처럼 위성
들의 기대 수명을 반영한 계획표대로 개발이 진행되다 보니, 자유롭고
도전적인 임무를 시도할 수 있는 기회가 많지 않다. 과학적 목적을 위
한 위성이 많다면 다양하고 새로운 목표를 세울 수도 있을 텐데, 수가
한정적이어서 그러기가 힘든 것이 사실이다. 우주 프로젝트는 비용이
많이 들기 때문에 관계자들은 실패할 확률이 낮은 임무를 우선순위에
두기 마련이다. 도전적인 임무는 대부분 최초의 시도이고, 당연히 실패
할 확률이 높다. 따라서 새로운 과학 탐사를 하고 싶다는 내용을 담은
제안서는 선정되기가 무척 어렵다. 우리나라의 경우 우주개발의 최우
선 과제가 과학이 아니기 때문에 과학위성보다는 실용적인 지구관측위
성이나 정지궤도 위성을 우선시한다.

　미국이나 일본처럼 과학자들이 도전적인 목표를 정하여 정부를
설득하고, 재원을 마련하기 위해 관련 부처의 담당자들을 직접 만나
야 하는 상황은 우리나라도 비슷하다. 그러나 위성 개발 프로젝트에 천
문학적인 비용이 들다 보니 우리나라에서는 실험적인 위성을 시도하
는 계획이 최종적으로 예산을 확보할 가능성이 매우 낮다. 그렇다 보니
2018년 미국이 태양을 탐사하기 위해 쏘아 올린 파커 태양탐사선Parker
Solar Probe이나, 2003년 소행성에 착륙해 샘플을 채취하고 지구로 귀환
한 탐사선 하야부사Hayabusa를 만든 일본처럼 성공 확률이 낮은 임무에
도전하기 어려운 것이 사실이다.

◐ 2018년 8월 발사된 나사의 파커 태양탐사선. 설계 수명은 7년이다.

그나마 우리나라 과학위성 시리즈 중 가장 성공적이었다고 평가 받는 것은 내가 참여했던 과학기술위성 1호다. 당시 우리나라 과학자들과 미국 UC 버클리 과학자들이 함께 과학 임무를 발굴하고, 뛰어난 광학 탑재체를 개발했다. 이 탑재체가 관측한 과학 자료들이 질적으로 매우 우수해서 많은 논문이 나왔고, 해당 분야의 학문적 발전에 기여했다는 평가를 받고 있다. 나의 첫 위성이 이렇게 좋은 평가를 받고 있다는 사실에 내심 뿌듯하다.

과학위성이 예산을 확보하기 어려운 이유는, 우주 분야도 다른 과학 분야와 국가 연구개발비 확보 경쟁을 해야 하기 때문이다. 생명과학, 화학, 원자력 등 많은 분야와 경쟁해야 하는데, 우주개발은 다른 연구 분야와 차원이 다른 예산이 필요하기 때문에 선정되기가 힘들다. 실용위성이라면 수요자에 해당하는 산업통상자원부, 환경부, 기상청, 농촌진흥청 등 다양한 국가기관이 개발 비용을 선뜻 투자하겠지만, 과학위성은 개발 비용을 투자해줄 곳을 찾는 게 불가능에 가깝다.

우리나라가 우주 분야에 투자하는 재원은 우주 선진국에 비해 훨씬 적다. 단순히 비교하면 미국이 1년간 우주에 쏟아붓는 예산은 471억

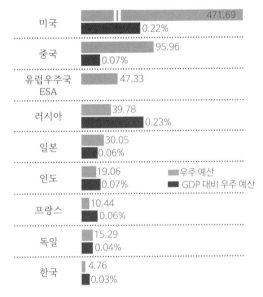

(단위 : 억 달러)

| 국가 | 우주 예산 | GDP 대비 우주 예산 |
|---|---|---|
| 미국 | 471.69 | 0.22% |
| 중국 | 95.96 | 0.07% |
| 유럽우주국 ESA | 47.33 | |
| 러시아 | 39.78 | 0.23% |
| 일본 | 30.05 | 0.06% |
| 인도 | 19.06 | 0.07% |
| 프랑스 | 10.44 | 0.06% |
| 독일 | 15.29 | 0.04% |
| 한국 | 4.76 | 0.03% |

©과학기술정보통신부

● 국가별 우주 예산 비교(2019년 기준)

달러(61조 원)가 넘고, 우리나라는 4억 8,000만 달러(6,300억 원) 남짓이다. 국가 재정의 규모가 다르니 이 차이는 어쩔 수 없다 치더라도 국내 총생산GDP 대비 우주에 투자하는 비율을 보면 우리나라의 경우 0.03% 정도다. 정부 연구개발 예산 대비 비율도 3% 정도로 OECD 국가의 평균인 8%에 미치지 못한다. 결국 예산이 문제인데, 도전적인 우주 탐사를 위한 예산을 확보하기란 하늘의 별 따기만큼 어려운 일이다.

과학기술위성 1호와 관련하여 재미있는 에피소드가 있다. 이 위성은 개발하고 제작하는 동안 우리별 4호KAISTSAT-4라는 이름으로 불렸다. 그래서 제작하며 만든 수많은 기술문서와 보고서, 발표 자료에도 우리별 4호로 표기되어 있다. 하지만 발사 직전에 정부가 위성 시리즈의 이

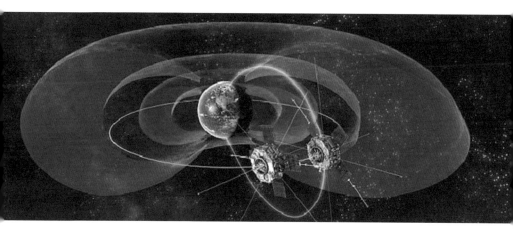

©NASA

2012년 나사가 발사한 2대의 지구방사선대 관측위성 밴 앨런 프로브

름을 개편하여 과학기술위성 1호<sup>STSAT-1</sup>가 되었다. 위성 이름이 개발 과정이나 발사 후에 바뀌는 일은 우리나라뿐 아니라 다른 나라에서도 종종 일어난다. 2012년 나사가 지구방사선대를 관측하기 위해 발사한 2대의 쌍둥이 위성 밴 앨런 프로브도 개발 기간 동안 RBSP<sup>Radiation Belt Storm Probes</sup>로 불렸다. 2016년 일본이 지구방사선대를 관측하기 위해 발사한 아라세<sup>Arase</sup>도 개발 기간 동안 ERG 위성으로 불렸다. 그런데 우리나라와 다른 나라들에는 다른 점이 있었다. 미국과 일본의 위성 이름이 중간에 바뀐 이유는 위성을 만든 현장의 과학자들이 치열하게 논의하고 심사숙고하여 합의했기 때문인 반면, 우리나라 과학기술위성 1호는 정권이 바뀜에 따라 우주개발 중장기 계획이 변경되면서 이름이 바뀐 것이다. 정부가 우주개발을 주도하고 있는 우리나라의 안타까운 현실이 여기서도 드러난다.

## 인공위성의 핵심 부품

인공위성이나 로켓은 수많은 부품으로 구성된다. 여러 부품이 하나의 중요한 구성품 단위를 만들고, 이 구성품 단위들은 완전체를 만든다. 여러 부분을 하나의 완전체로 조립한 후 한 번에 모든 기능이 제대로 동작하는 것은 꿈같은 일이다. 부품이 워낙 복잡하고 많기 때문에 1개의 단위 구성을 조립하여 붙일 때마다 많은 실험을 반복해야 한다.

위성체는 다양한 부품으로 구성되므로, 제작 단계별로 개발 종류 모델의 가장 단순한 형태부터 가장 복잡한 최후의 조립품에 이르기까지 철저하게 성능을 확인해야 한다. 그렇지 않으면 나중에 모든 부품으로 위성체를 만들었을 때 발생하는 오류의 원인을 찾기가 불가능하기 때문이다.

인공위성의 내부 구조를 쉽게 이해하려면 버스와 승객을 생각하면 된다. 위성의 본체인 버스는 승객을 태우기 위해 준비하는 시스템 모두를 가리킨다. 실제로 인공위성 개발자들도 본체를 버스bus라고 부른다. 승객은 위성의 탑재체payload다. 통신, 탐사, 관측 등의 핵심 임무를 수행하는 중요한 손님들이다.

위성 본체의 구성을 들여다보면 무척 복잡하다. 버스에 엔진, 바퀴, 운전대 등이 있는 것처럼 본체에도 여러 서브시스템이 있다. 인공위성의 뼈대인 구조계, 전력을 공급하는 전력계, 자세와 궤도를 책임지는 자세제어계, 연료와 추력기로 구성되는 추진계, 지상국과 데이터를 주고받는 원격 측정 및 명령계, 위성을 외부의 온도 변화로부터 지켜주는 열 제어계 등이다. 이 요소들 모두가 제 역할을 제대로 해주어야 비로소 위성이 정상적으로 작동한다. 구성 요소들은 각각 중요한 핵심 부품들로 이루어져 있다.

그중 가장 기본적인 것은 구조계다. 구조계는 가로·세로·높이 등의 골격을 갖춘 프레임으로, 위성의 모양을 결정짓는다. 이 기계 구조는 대부분 수요자의 요구 사항과 탑재체의 구조에 따라 결정된다. 예컨

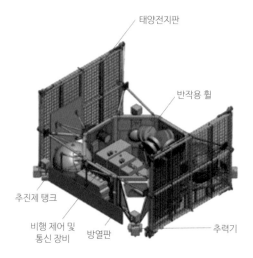

태양전지판

반작용 휠

추진제 탱크

비행 제어 및
통신 장비   방열판

추력기

©NPO Lavochkin

인공위성 본체의 주요 구성품

대 경통이 긴 카메라를 탑재한 아리랑 본체는 환경 탑재체를 실은 천리
안보다 길쭉하다.

위성을 설계할 때는 탑재체와 각종 서브시스템을 연결한 부분을
모두 단단하게 고정하여 발사할 때 나타나는 하중과 진동, 충격을 버틸
수 있도록 해야 한다. 실제로 발사하는 동안 강한 진동 때문에 약한 접
착 면이 분리되는 사고가 자주 발생한다. 위성의 골조 내부는 위성마다
다르기 때문에 각종 서브시스템의 배치도 달라진다. 그야말로 연구자
들의 창의성이 발휘되는 순간인 것이다.

한 번 발사한 인공위성은 지구로 돌아올 수 없다. 그러면 우주 공간에서 계속 살아남아야 하는 인공위성은 어떻게 전력을 공급받을까? 바로 태양전지판이 이 문제를 해결해준다. 태양빛을 받은 태양전지판은 카메라를 비롯한 많은 전자 장비가 맡은 일을 할 수 있도록 전력을 생산한다. 태양전지판은 위성 전체 무게와 크기, 수명 등을 고려하여 알맞게 설계된다. 태양전지판에는 작은 셀 형태의 태양전지가 빼곡하게 붙어 있다. 태양전지는 실리콘이나 갈륨아세나이드$^{GaAs}$를 이용하여 만든다.

인공위성은 태양이 내뿜는 복사열을 쉬지 않고 받아낸다. 지구가 미치는 중력의 영향도 끊임없이 변화한다. 다른 행성이나 혜성처럼 지구 바깥에서 작용하는 힘도 인공위성에 영향을 미친다. 또한 위성의 자세는 중력과 복사압 때문에 자꾸만 흔들리고 틀어진다. 자세가 틀어지면 다시 원래 자세로 돌아와야 임무를 오랫동안 수행할 수 있다. 자세가 틀어진 정도는 인공위성의 수많은 센서(가속도 센서, 각속도 센서, 별 센서, 태양 센서 등)가 금세 알아차린다. 그리고 센서와 연결된 본체 내부의 컴퓨터$^{On-board\ Computer,\ OBC}$가 자세를 바로잡기 위해 명령을 내린다. 이 명령을 몸소 수행하는 것이 바로 '반작용 휠'이다. 자세가 바뀐 인공위성을 원래대로 돌려놓기 위해서는 반작용 운동량을 제어해야 한다. 이것이 인공위성 내부의 바퀴를 반작용 휠 또는 모멘텀 휠이라고 부르는 이유다. 반작용 휠은 잠시도 쉬지 않는다. 휠이 멈추면 위성의 자세가 틀어지기 때문이다. 그래서 원래 자세를 유지하다가 다시 자세를 바꿀 때는 속도만 보정해서 제어한다. 반작용 휠은 인간의 심장처럼 한 번

돌기 시작하면 계속 움직여야 한다.

방열판은 내부에서 24시간 내내 쉬지 않고 작동하는 전자 부품들의 온도가 계속 올라가지 않도록 내부의 열을 외부로 방출한다. 열을 제어하는 방법은 방열판을 만드는 방법과 열전달 경로를 설계하는 방법으로 나뉜다. 소프트웨어적으로 최적화된 경로를 설계하여 열구조 모델을 만드는 데 반영한다. 온도가 급변하는 우주에서 위성이 정상적으로 활동하려면 열적 설계가 매우 중요하다.

추력기는 인공위성의 궤도를 수정하고 자세를 제어하는 데 반드시 필요하다. 추력기는 위성의 수명과 직결되기 때문에 심장이라고도 불린다. 지구의 중력과 다른 행성의 인력이 끊임없이 인공위성에 영향을 미치며 운항을 방해하는데, 앞에서 설명한 반작용 휠로 미세하게 자세를 조정하고 추력기로 큰 궤도를 제어하면 궤도와 자세를 바로잡을 수 있다.

인공위성이 살아가야 하는 우주의 환경은 극한으로 척박하다. 그러므로 이러한 환경에 노출되는 전자 부품이나 시스템이 설계자가 의도한 성능을 제대로 구현하는지 확인해야 한다. 따라서 위성체를 포함한 각 개발품은 설계, 해석, 시험, 검사, 시험 운용 등 일련의 과정을 거치고 인증받아야 한다. 이를 위해 개발 단계별로 모델을 설정하여, 원래 구상한 설계와 실제로 구현된 성능의 차이를 확인한다. 일반적으로 사용되는 개발 모델은 빵판 모델Breadboard Model, BM부터 비행 모델Flight Model, FM에 이르는 6단계를 거친다. 각 모델 단계의 목적과 단계별로 필요한 사항들의 개념을 간단히 정리하겠다. 개발 과정에서 보통 빵판 모델BM・열구조 모델STM→시험 모델EM→시험 인증 모델EQM→인증 모델QM→준비행 모델PFM→비행 모델FM 단계를 거치며, 프로젝트의 규모에 따라 일부 단계를 생략하기도 한다.

## 개발 단계의 모델

### 열구조 모델

열구조 모델Structure Thermal Model, STM 단계에는 전체 위성체의 골격을 결정하기 위해 크기와 무게, 부피가 실제와 같은 대체 모형mockup을 구성한다. 가공하기 쉬운 알루미늄 등의 금속으로 만드는 이 모형은 질량 특성(무게중심, 관성모멘트 등)이 실제 구성품과 같지만 골격은 단순하다. 기계 구조물만 만든 상태이기 때문에 내부를 구성하는 전자회로 부분은 없다. 이 모델 단계에 무게, 부피, 발열 상황, 열전달 경로 등을 예측한다. 열구조 모델과 개념이 같은 빵판 모델은 개발 초기에 전기회로 설계와 부품 하나하나의 성능을 확인하기 위해 빵판breadboard이라고 불리는 간단한 전자 보드를 시험실 수준에서 구현하는 단계다. 이때까지는 기계적 설계를 하지 않는다.

모형을 완성하면 진동 시험과 열 시험을 수행한다. 진동 시험에서

과학기술위성 1호 우주물리 탑재체의 빵판 모델 중 일부

알루미늄으로 제작한 도요샛위성의 모형

는 실제 발사 상황을 가정해서 위성체가 발사될 때 발생하는 진동을 견딜 수 있는지를 시험한다. 열 시험은 온도가 급변하는 우주에서 위성체가 견딜 수 있는지를 시험하는 것이다.

만약 처음 사용하는 부품을 채택하거나 한 번도 개발한 적 없는 탑재체를 제작한다면 무조건 빵판 시험부터 시작하는 것이 좋다. 간단하고 기본적인 기능만 하는 전자 보드에 크고 작은 전선들이 뒤얽힌 빵판을 연결하며 시험하는 이 상태를 전자 실험판Electric Test Bed, ETB 단계라고도 한다. 이 단계에 각 서브시스템별(구조계, 전력계, 자세제어계, 추진계, 원격 측정 및 명령계, 열 제어계 등)로 기본적으로 기능하는 회로를 구성하고, 기능이 비슷한 여러 부품 중 하나를 차례로 선택해간다.

## 시험 모델

시험 모델Engineering Model, EM 단계는 처음으로 개발하는 부품이나 서브시스템, 새로운 기술을 많이 도입한 위성체에 필요하다. 이전에 우주에서 운용한 경험heritage이 있는 부품이나 서브시스템의 경우는 이 단계를 건너뛰고 다음 단계인 시험 인증 모델부터 개발할 때도 많다. 엔지니어링 모델이라고도 하는 시험 모델 단계에는 인공위성 구성품들이 제대로 동작할 수 있도록 공식적으로 제작한다. 이 모델에 사용하는 모든 서브시스템은 설계한 성능을 발휘할 수 있도록 제작하지만, 우주에서 실제로 사용하는 부품들을 쓸 필요는 없다. 부품의 기능이 같더라도 등급에 따라 가격이 무척 달라서 초기 단계에는 우주급 부품을 사용할 수 없기 때문이다.

보통 메모리, 마이크로프로세서, 통신 칩 등 전자 부품은 상용 commercial—군용military—우주space grade로 등급이 나뉜다. 지상에서도 사용할 수 있는 상용 칩이 1개당 1,000원이라면 군용 칩은 1만 원, 우주급 칩은 100만 원 이상이다. 우주급 부품space grade parts은 때에 따라 이보다 훨씬 비싸다. 가격이 높은 이유는 지상에서 사용하는 경우에는 필요 없는 가혹한 시험을 거치고 모두 통과하여 우주에서도 제대로 기능할 수 있다고 인증받기 때문이다. 우주급 부품 인증에 필요한 시험은 온도, 방사선 차폐, 진동 시험 등이다.


## 시험 인증 모델

위성을 개발하다 보면 부품이나 시스템을 공급하는 연구자가 예전에 다른 위성을 개발하면서 동일한 단위 부품 및 조건의 성능을 인증받았다는 자료를 충분히 제공하지 못할 때가 있다. 이때는 개발하려는 부품이나 시스템 중 1개를 인증 모델로 제작하고 인증 수준의 시험을 거쳐서 설계와 성능의 만족도를 제시해야 한다. 이때 사용하는 것이 시험 인증 모델Engineering Qualification Model, EQM이다. 관련 시험은 설계의 적합성adequacy뿐 아니라 안전 및 성능의 여분margin을 확인하기 위해 시행한다. 안전 및 성능 요구 조건과 관련하여 개발자들은 항상 마진을 염두에 둔다. 예컨대 위성 무게가 90kg이면 마진을 생각했을 때 95kg이라고 말하는 식이다. 설계할 때와 실제 제작했을 때의 결과값은 언제나

도요샛위성의 시험 인증 모델

©한국항공우주연구원

2021년 3월 발사된 차세대 중형위성 1호의 시험 인증 모델.
우주 환경 시험을 위해 진공 채임버에 들어가 있다.

다르기 마련이라서 모든 설계값을 여유 있게 정해야 한다.

시험 인증 모델은 시험 모델과 인증 모델의 절차를 합하여 단계를 단순화한 모델이다. 시험 인증 모델은 모든 사항이 비행 모델과 같은 규격서를 기준으로 제작해야 한다. 그러나 비행 모델에는 반드시 우주급 부품을 써야 하는 반면, 시험 인증 모델의 부품은 되도록 우주급을 쓰도록 권고하고 있다. 일반적으로 부품의 등급이 높을수록 가격이 비싸기 때문이다. 부품과 재질의 규격specification은 비행 모델에 사용하는 것과 같아야 한다.

시험 인증 모델에 대한 모든 환경 시험은 절차에 따라 공식적으로 기록해야 하고, 이 시험 결과를 기준으로 초기의 설계 및 해석이 타당한지 확인한다. 만약 환경 시험을 통과하지 못하면 설계를 적절히 변경해야 한다. 설계를 변경하여 다시 제작한 시험 인증 모델이 환경 시험을 모두 통과하면 최종 설계가 확정된다. 이 설계대로 비행 모델을 설계하고 제작한다.

## 인증 모델

인증 모델Qulification Model, QM은 시험 인증 모델과 같은 규격을 적용하되 비행 모델과 똑같은 우주급 부품으로만 제작하는 모델이다. 개발자들은 인증 모델을 이용하여 우주 환경 시험을 반복한다. 비행 모델과 동일한 부품과 규격으로 제작하여 인증 시험을 한다. 하지만 환경 시험은 조건이 까다롭고 혹독하기 때문에 시험을 통과한 인증 모델을 비행 모델로 우주로 보내지는 않는다. 우주 환경 시험을 거치는 동안 부품이 손상되었을 가능성이 높기 때문이다.

## 준비행 모델

일반적으로 비행 모델 중 첫 번째로 만든 모델을 준비행 모델 Protoflight Model, PFM로 선정한다. 준비행 모델을 만들고 시험하는 목적은 작업과 설계의 적합성을 규명하기 위해서다. 이 모델을 적절하게 시험하여 인증 모델의 성능 시험을 재확인한다. 이때 비행 모델도 여러 대 만들어서 한 가지 정도의 환경 시험을 통과하도록 하고, 통신 시험 등 다양한 지상 시험을 실시한다. 이 모델은 우주로 발사하기도 하고, 백업용으로 지상에 준비해두기도 한다. 실제로 발사할 수도 있기 때문에 성능이나 신뢰도에 영향을 줄 수 있는 과도한 시험은 하지 않는다. 제작할 때는 반드시 비행 모델 규격에 맞추어 우주급 부품과 재질을 사용하고 제작 공정을 준수해야 한다.

## 비행 모델

비행 모델Flight Model, FM은 준비행 모델을 제외한 모든 비행용 하드웨어를 가리킨다. 인증 모델 단계에 가혹한 우주 환경 시험을 반복하고 설계를 최적화하여 만든 결과물이다. 비행 모델도 작업의 질과 기본적 성능을 규명하기 위해 인수acceptance 시험을 거쳐야 한다. 인수 시험을 할 때는 환경 시험 항목의 허용 오차와 불확실성 등을 반영하더라도 최소한 실제 비행 조건과 같은 우주 환경을 적용해야 한다. 성능 시험은 인증 모델을 시험할 때보다 완화된 우주 환경에서 실시한다.

실제로 발사되는 장비인 비행 모델은 위성 개발의 마지막 단계다. 즉, 모든 구성품과 성능을 완벽하게 갖춘 완성품이다. 값비싼 우주급 부품들로 구성되어 매우 귀한 몸이므로 보물처럼 조심스럽게 다뤄야 한다.


과학위성이나 지구관측용 위성을 만들 때는 앞에서 설명한 제작 단계와 절차들을 반드시 따라야 한다. 반면 여러 차례 같은 위성을 제작한 경험을 바탕으로 위성 플랫폼이 고정적인 상업용 위성을 만들 때는 여러 단계를 건너뛰고 바로 비행 모델을 제작하기도 한다. 과학위성이 매번 다르게 제작되는 맞춤 정장이라면, 상업용 위성은 기성복 정장인 셈이다. 이미 같은 위성을 반복해서 제작한 경험이 있다면 굳이 복잡한 단계를 모두 거칠 필요는 없기 때문이다. 이 경험은 우주개발에서 무척 중요하다. 우리나라가 우주 선진국들에 비해 가장 부족한 점도 경험이다.

위성을 개발하는 과정에서 개발 모델 단계 중 적절한 부분을 생략하고 목적을 통합하여 제작 기간을 줄이기도 한다. 예를 들면 시험 모델과 인증 모델을 제작하지 않고 시험 인증 모델→비행 모델로 진행하거나 시험 모델→준비행 모델→비행 모델로 진행하기도 한다. 이러한 단계와 절차는 시스템 엔지니어가 결정한다. 2023년 초에 발사할 예정인 군집위성 도요샛위성 프로젝트의 시스템 엔지니어는 내가 담당하고 있다.

인공위성의 꽃,
탐재체

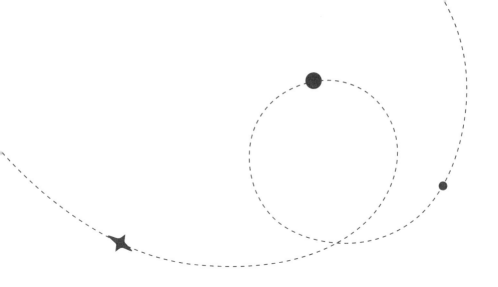

인공위성은 크게 버스(본체)와 탑재체로 구성된다. 버스는 탑재체가 우주에서 제 역할을 하며 작동할 수 있도록 도와준다. 탑재체는 인공위성의 내부에서 임무 혹은 그와 연관된 일을 수행한다. 탑재체를 결정하면 버스가 움직이는 환경, 버스의 부피와 무게, 지상으로 보낼 관측 자료의 양 등을 고려해야 한다. 버스는 여러 서브시스템으로 구성된다. 서브시스템으로는 자세 및 궤도 제어 시스템, 통신 및 자료 처리 시스템, 전력 시스템, 환경 제어 및 생명 유지 시스템, 구조 및 기구, 추진 시스템 등이 있다.

위성의 임무에 관한 예를 들어보자. 산불을 감시하는 위성을 설계한다면, 관측 대상은 지구 표면에서 발생한 산불이므로 탑재체는 열과 빛 등을 원격으로 감지할 수 있어야 한다. 그렇다면 빛과 열을 감지하는 카메라와 온도 센서가 필요하다.

　탑재체의 역사는 인공위성과 우주 탐사의 역사와 맥락을 같이한다. 앞에서도 설명했듯이 1957년 소련이 최초의 인공위성 스푸트니크 1호를 발사함으로써, 발사체와 관련해서는 미국보다 먼저 우위를 점했다고 할 수 있다. 하지만 인공위성 탑재체 측면에서는 미국이 더 앞서 있었다. 스푸트니크 1호는 별다른 탑재체를 싣지 못한 반면, 1958년 미국이 발사한 익스플로러 1호는 입자 검출기 등의 과학 탑재체를 싣고 있었다. 이 과학 탑재체들을 통해 발견한 것이 바로 지구방사선대(밴 앨런대)다.

## 탑재체 선정과 개발

　우리나라에서 개발하는 모든 위성은 본체의 규모가 결정되어 있다. 과학기술위성 1호도 본체 규격이 정해져 있었다. 본체 안에 들어갈 탑재체는 한국연구재단이 공모를 통해 선정한다. 우리나라는 과학기술정보통신부에서 장기적인 위성 개발 계획표를 만들고 예산을 배분한다. 과학기술정보통신부를 대신하여 국가 연구개발사업을 주관하는 한국연구재단이 탑재체를 개발할 기관을 선정하는 심사 절차를 주도한다.

　공모가 발표되면 과학자들은 자신이 원하는 과학 연구 주제를 고안하고 제시한다. 지금까지 해결하지 못한 과학적 난제들을 풀기 위해서는 어떤 자료가 필요하다고 주장하고, 1개 혹은 여러 개의 탑재체를 제안한다. 중요한 것은 탑재체에 설정한 과학적 임무가 얼마나 중요한지와 과학적 난제들을 얼마나 잘 설명할 수 있느냐다.

각 연구 팀이 위성의 임무와 탑재체에 관한 제안서를 한국연구재단에 제출하면 산업계와 학계, 연구계의 다양한 외부 전문가들로 구성된 심사위원회가 심사한다. 심사할 때는 본체와 탑재체의 무게와 전력, 부피 등을 종합적으로 고려하고, 여러 탑재체가 자료를 만들 때의 시너지 효과도 감안해야 한다. 심사위원회는 과학 임무의 중요성에 따라 우선순위를 정한다. 물론 심사위원의 주관이나 심사 시기의 과학적 이슈에 따라 선정되는 주제가 달라질 수도 있다.

보통 하나의 인공위성에는 하나 이상의 탑재체가 실리는데, 각각의 임무에 따라 주탑재체와 부탑재체가 정해진다. 마치 형님과 아우 같은 개념이다. 관련자들은 형이 할 일을 먼저 고려하여 위성의 자세 제어와 관측 시간을 결정한다. 그리고 남은 시간을 동생이 할 일에 배정해준다. 동생 입장에서는 억울한 상황도 많지만 어쩔 수 없는 일이다. 형과 동생의 위치는 공정한 경쟁의 결과이기 때문이다.

위성체를 만드는 연구 팀과 탑재체를 만드는 연구 팀은 각각 다르다. 위성체에 탑재체를 여러 대 실을 수도 있기 때문에 탑재체 개발 팀이 여럿일 수도 있다. 개발자들은 임무를 완수하기 위해 탑재체를 실은 위성체의 자세 제어 조건과 궤도, 운영 조건들을 제시한다. 때로는 각 탑재체에 대한 요구 조건이 서로 다를 수도 있기 때문에 탑재체를 선정할 때 우선순위도 정한다. 즉, 주탑재체에 필요한 위성체의 자세 제어 조건과 부탑재체에 필요한 요구 조건이 충돌하면 주탑재체의 손을 들어주는 식이다.

## 과학기술위성 1호의 탑재체

1999년 카이스트 물리학과 대학원생이던 나는 인공위성연구센터에서 학생연구원으로 일하기 시작했다. 당시 인공위성연구센터에서 개발하던 과학기술위성 1호의 우주물리 탑재체Space Physics Package, SPP를 제작하는 실험실 선배의 보조를 맡으며 우주에 발을 들여놓았다.

2003년 9월에 발사한 과학기술위성 1호의 주탑재체는 천문학 임무를 수행하는 원자외선 분광기Far-ultraviolet Imaging Spectrograph, FIMS였고, 부탑재체는 내가 참여한 우주물리 탑재체였다. 당시 심사위원들이 천문학 임무와 우주과학 임무를 동시에 수행할 수 있는 원자외선 분광기가 더 매력적이라고 판단한 것이다.

원자외선 분광기는 오로라를 광학적으로 관측하는 동시에 자외선 영역에서 우주 전체를 관측하는 우주망원경 역할을 한다. 그러므로 우주의 광범위한 지역에서 발생하는 원자외선 방출선의 영상과 스펙트럼을 동시에 관측할 수 있었다. 이 분광기는 우리나라 연구 팀이 미국 UC 버클리 연구 팀과 공동으로 연구하여 개발했다.

💧 2003년 9월에 발사된 과학기술위성 1호의 주탑재체인
원자외선 분광기의 홍보용 팸플릿

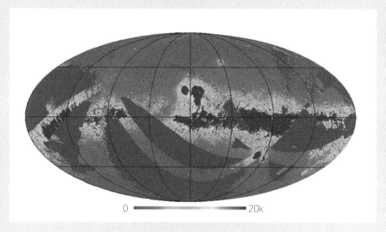

0 ▬▬▬▬ 20k

💧 우리 은하에 존재하는 고온 가스의 전천 지도.
과학기술위성 1호의 원자외선 분광기로 관측한 모습이다.

원자외선 분광기로 관측한 자료를 활용하면 은하에 폭넓게 존재하는 고온 가스의 공간 분포에 대한 전천 탐사<sup>Sky Survey</sup>를 할 수 있다. 과학 목표는 주요 고온 가스가 식으며 방출하는 스펙트럼을 전천 탐사 관측하여 전천 지도를 작성하는 것이었다. 결과적으로 이 임무는 원자외선 분광기가 관측한 자료로 우리 은하에 분포하는 성간물질의 물리적 상태와 구조를 규명함으로써 은하의 진화에 대한 연구의 지평을 열었다고 평가받고 있다. 별이 수명을 다해 폭발하면 고온 가스가 발생하는데, 이 가스는 식으며 새로운 별을 탄생시킨다. 그러므로 고온 가스 구조를 규명하면 우리 은하의 진화 연구에 중요한 단서를 얻을 수 있다.

원자외선 분광기는 초신성 폭발과 그 주변에 분포하는 성간물질의 상호작용을 이해하는 데 중요한 사실도 많이 발견했다. 대표적인 예로 백조자리 초신성 폭발의 잔해물인 시그너스 루프<sup>Cygnus Loop</sup>를 관측하여 그동안 알려지지 않은 새로운 천체 구조들을 찾아냈다. 또한 오리온-에리다누스 슈퍼 버블(일련의 초신성 폭발로 형성된 거대한 플라스마 구조체) 지역에서는 초신성 잔해 내부의 고온 가스와 주변의 차가운 분자운이 활발하게 상호작용한다는 사실을 밝혀내는 등 놀라운 연구 결과들을 만들어냈다.

한편 우주물리 탑재체의 과학 임무는 고위도 극 지역의 오로라 입자가 지구 대기로 유입되는 현상을 실시간으로 관측하는 것이었다. 우리는 특정 에너지 대역의 전자가 오로라의 밝은 빛을 만들어낸다는 가설이 맞는지 확인하는 것을 목표로 삼았다. 지구 극지방에 침투해 들어오는 특정 에너지 대역의 전자들은 극 지역 상공에 있는 질소 분자, 산소 분자와 부딪힌다. 이 상호작용은 에너지를 발생시키고, 그 결과 에너지 차이만큼의 빛이 나타나는데, 이것이 바로 오로라다. 오로라의 빛은 광학 검출기로 관측하고, 대기 중으로 침투해 들어오는 전자들의 에너지와 개수는 입자 검출기로 측정한다. 나는 고에너지 전자의 개수를 세는 입자 검출기를 담당했다. 이 검출기는 미국 최초의 인공위성 익스플로러 1호에 탑재된 고에너지 입자 검출기와 검출 방식이 같지만 성능은 훨씬 탁월했다.

우주물리 탑재체에 예산과 인력이 무척 적게 배정되었지만, 개발

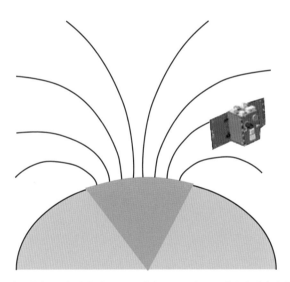

● 과학기술위성 1호의 과학 임무는 극 지역으로 들어오는 에너지 전자들의 개수와 에너지를 실시간으로 검출하는 것이었다.

자로서는 어느 것 하나 소홀히 할 수 없으니 최선을 다해야 했다. 연구 팀은 오로라를 연구한다는 목표를 위해 4개의 서브 탑재체를 조합하여 우주물리 탑재체를 구성했다. 부탑재체에 할당된 질량, 무게, 전력 내에서 몇 개의 탑재체를 구성하느냐는 연구 팀이 자율적으로 결정할 수 있었다. 예컨대 10kg, 3W의 제원을 할당받았다면, 그 안에서 탑재체를 1개로 만들든 3개로 구성하든 알아서 하면 되었다.

　오로라 입자들을 관측하기 위해서는 가장 먼저 고에너지 입자 검출기Solid State Telescope, SST가 필요했다. 고에너지 입자 검출기를 활용하면 지구 저궤도에 존재하는 전자들 중 에너지 대역이 상대적으로 높은 25~600keV 전자들의 선속flux(단위 시간 동안 단위 면적 안에 들어오는 입자들의 개수)을 관측할 수 있다. 두 번째로 필요한 탑재체는 저에너지 입자 검출기Electrostatic Analyzer, ESA로, 5eV~20keV 에너지 대역에 해당하는 전자의 선속을 측정할 수 있다. 세 번째로 고른 탑재체는 에너지가 더 낮은 열적 전자의 온도와 밀도를 측정하는 랭뮤어 프로브Langmuir Probe, LP다. 마지막으로 인공위성이 머무를 우주 환경의 자기장을 측정하는 자기장 측정기Scientific Magnetometer, SM를 설계했다.

　이처럼 여러 개의 탑재체로 구성한 이유는 지구 저궤도로 침투해 들어오는 다양한 에너지 대역의 입자들을 모두 감시하면서 자기력선의 방향까지 관측하기 위해서였다. 즉, 지구 자기력선을 따라 대기로 들어오는 전자들을 탑재체들이 서로 보완하며 종합적으로 감시할 수 있도록 했다. 과학자들에게 주도적으로 결정할 수 있는 자율권을 주면,

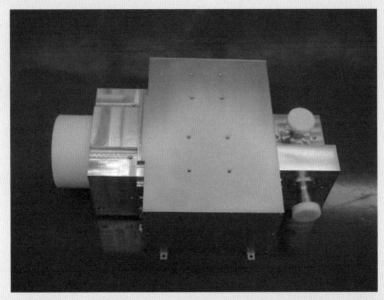

🌑 우주물리 탑재체 중 저에너지 전자를 측정하는 저에너지 입자 검출기(왼쪽)와
고에너지 전자를 측정하는 고에너지 입자 검출기(오른쪽). 최종 비행 모델의 모습이다.

🌑 과학기술위성 1호의 비행 모델에 탑재된 우주물리 탑재체 4종(랭뮤어 프로브, 저에너지
입자 검출기, 고에너지 입자 검출기, 자기장 측정기). 우주로 발사하기 직전에 촬영했다.

폭넓게 관측하는 한편 자료를 분석할 때도 유용하게 활용할 수 있도록 첫 단계부터 철저하게 설계할 수 있다. 오로라 입자들을 관측하기 위해서는 다양한 에너지 대역의 전자를 측정할 필요가 있었다. 또 입자들이 대기 중으로 들어올 때의 방향성도 중요한 과학적 정보이므로 자기장 측정기도 함께 탑재할 필요가 있었다. 우주과학 임무를 설계할 때는 전자·양성자 검출기, 전자 밀도 검출기, 자기장 측정기 등을 기본적으로 탑재한다. 우주가 플라스마로 이루어져 있기 때문에 플라스마의 특성을 정의할 수 있는 물리량을 측정하는 기본 탑재체 세트라고 할 수 있다.

## 우리나라 위성의 탑재체

오늘날에는 위성의 임무가 다양해졌기 때문에 탑재체의 종류와 범위를 간단히 규정하기 어렵다. 대체로 탑재체의 역할은 관측하려는 물체나 영역을 감지하는 것이고, 이 임무를 실현할 수 있도록 해주는 것이 센서sensor다. 우리나라 위성의 대표적 탑재체들을 센서 종류에 따라 구분하면 다음과 같다.

### 전자 광학 탑재체
사람이 볼 수 있는 가시광선 대역을 촬영하는 지구관측위성에는 전자 광학카메라가 탑재된다. 우리나라는 다목적 실용위성(아리랑) 1호 및 2호를 개발하며 확보한 독자 기술력으로 세계적 수준의 전자광학 탑재체 AEISS<sup>Advanced Earth Imaging Sensor System</sup>와 AEISS-A<sup>Advanced Earth Imaging Sensor System-A</sup>를 개발했다. AEISS와 AEISS-A는 다목적 실용위성 3호와 3A호에 각각 탑재됐다.

## 영상 레이더 탑재체

영상 레이더(합성개구레이더)는 전파를 발산한 후 물체에 반사되어 돌아오는 신호로 영상을 만든다. 날씨와 밤낮의 영향을 받아서 관측이 제한되는 광학 탑재체와 달리 24시간 내내 영상을 얻을 수 있는 것이 장점이다. 주파수 대역에 따라 다양한 정보를 얻을 수 있는 것도 장점이다. 또한 단일한 해상도와 관측 폭을 지닌 광학위성과 달리 다양한 촬영 모드(고해상, 표준, 광역)로 해상도와 관측 폭을 조절할 수 있어서 높은 해상도와 넓은 관측 폭에 관한 요구 조건들을 만족시킬 수 있다. 따라서 한반도 및 주변 지역에 광범위하게 활용할 수 있다.

## 기상 탑재체

통신해양기상위성(천리안) 1호에 탑재된 기상 탑재체는 한 가지 파장의 가시광선과 네 가지 파장의 적외선을 관측해 기상 관측 영상을 흑백으로 구현한다. 가시광선 대역 영상의 해상도는 1km, 적외선 영상의 해상도는 4km로 전구 관측에는 30분, 한반도 관측에는 15분이 소요된다. MI[Meteorological Imager], AMI[Advanced Meteorological Imager] 등의 기상 탑재체가 관측한 영상은 국가기상위성센터 홈페이지에서 볼 수 있다.

## 우주기상 탑재체

우주기상 환경에서 일어나는 강력한 자기장 교란과 태양풍에 실려 오는 고에너지 입자의 흐름은 전력, 통신, 위성 운영 분야에 다양한 피해를 입히고 사회경제적 손실을 가져올 수 있다. 통신해양기상위성(천리안) 2A호에는 태양흑점 폭발과 지자기폭풍 등을 실시간으로 감시하고 연구개발에 활용하기 위한 우주기상 탑재체[Korean Space wEeather Monitor, KSEM]가 탑재되었다. 해외에서 구매해야 하는 다른 탑재체와 달리 우주기상 탑재체는 순수 국내 기술로 개발되었다. 고에너지 입자의 지구 유입량을 측정하는 입자 검출기, 지구자기장을 측정하는 자력계, 고에너지 입자에 의해 발생하는 내부 전류를 측정하는 위성 대전 감시기 등 3종의 센서로 구성되어 있다.

## 해양 탑재체

통신해양기상위성(천리안) 1호의 해양 탑재체[Geostationary Ocean Color Imager, GOCI]는 정지궤도에서 한반도 주변(2,500×2,500km) 해양을 상시 관측하기 위해 개발되었다. 해상도는 500m로 하루 8회 한반도 주변을 관측하고 매 관측마다 8개의 채널 데이터를 제공하여 13종의 관측 결과를 생산한다. 통신해양기상위성(천리안) 2B호 해양 탑재체는 관측 성능이 1호보다 4배 향상된 250m 해상도로 해양을 관측한다. 13개의 관측 채널을 보유하고 있으며, 하루에 10회가량 한반도 주변을 관측한다.

## 환경 탑재체

통신해양기상위성(천리안) 2B호의 환경 탑재체Geostationary Environment Monitoring Spectrometer, GEMS는 지구 대기 환경을 지속적으로 관측하는 초분광 영상기다. 영상과 함께 자외선과 가시광선 대역 스펙트럼을 1,000개의 미세한 파장으로 나눈 분광 정보를 획득하여 장단기 체류하는 기후변화 유발 물질, 에어로졸을 관측한다. 또한 미세먼지를 만드는 전구물질로 알려진 이산화질소, 이산화황, 포름알데히드 등 화학물질 20여 가지의 발생 지점, 이동 경로 등의 정보를 생산한다.

우주 환경 시험

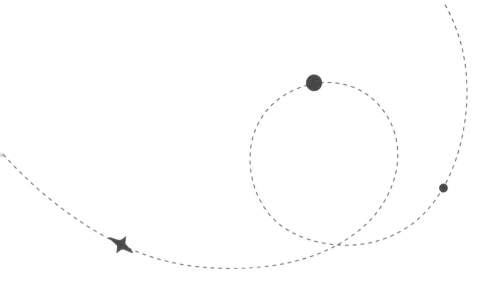

인공위성은 수천에서 수만 개의 전자 부품을 조립한 결과물이다. 위성체를 만들기 위해서는 부품들을 계속 더하며 조립해나가야 한다. 마치 레고 블록을 맞추어 월드컵 축구장 규모의 국제우주정거장 같은 거대 시설물을 만드는 것과 비슷하다. 그러므로 과학자들은 개발 단계마다 실패 가능성을 염두에 두며 면밀하게 계획하고 시험한다. 위성체 시험은 크게 조립 시험과 우주 환경 시험으로 나뉜다. 위성체의 임무와 형상에 따라 두 시험 중 일부를 생략할 수 있다.

# 조립 시험

조립 시험Integrated System Test, IST은 환경 시험 전후 혹은 각 단계의 시험 사이에 실시한다. 위성을 만드는 과정의 어느 단계에 어째서 문제가 생겼는지를 파악하려면 가장 하위 레벨 부품부터 한 단계씩 조립할 때마다 조립 시험을 반복해야 한다. 즉, 연결 부분에 문제가 있는지, 전기 신호 전달에 문제가 있는지 등을 확인하며 진행해야 한다.

위성체 조립을 끝내면 각 부분에 전원을 공급하기 전에 전선들harness과 부품들의 접속 상태interface를 점검한다. 이때는 주로 전기적 연결/단락 관계와 전원 및 접지 등을 확인한다. 위성 연구자는 한두 명이 아니기 때문에 각자가 만든 부분들을 하나로 합하면 언제나 문제가 생기기 마련이다. 대기 조건에서 조립 시험을 할 때는 위성체의 성능과 기능적 특성들을 철저히 평가한다. 그 결과는 이후의 시험값들을 비교하는 기준이 된다.

조립 시험은 전파 통신 시험RF Test, 위성체 전기적 성능평가 시험Satellite Electrical Performance Evaluation Test, SEPET, 정렬 시험Alignment Test, 전개 시험Deployment Test, 물성Mass Property 및 회전 균형Spin Balance 시험, 추진 시스템Reaction Control System, RCS 시험, 누설 시험Leak Test, 자극 시험Magnetic Dipole Test 등으로 이루어진다. 이들 시험 중 일부는 조립 이후에 시행하는 환경 시험에서도 반복하여 수행한다.

# 우주 환경 시험

우주 환경 시험이 중요한 이유는 위성체가 우주라는 극한 환경에서 생존할 수 있도록 만들어야 하기 때문이고, 그보다 먼저 발사 과정에서 지구의 중력을 벗어날 때 급격한 중력가속도 변화와 충격을 감당해야 하기 때문이다.

위성체가 발사되기 전에 반드시 거쳐야 하는 우주 환경 시험은 열진공 시험, 열주기 시험, 정현파 진동 시험, 음향 진동 시험, 충격 시험, 우주방사선 시험, 전자기파 시험 등 종류와 단계가 매우 많다. 크게 분류하면 열진공 시험, 진동 시험, 우주방사선 시험으로 나뉜다. 중요한 부품은 가장 하위 레벨인 부품 단위에서 시험하고, 조립 후에 탑재체 단위로 시험하기도 한다. 즉, 부품→탑재체→위성체로 조립의 수준이 높아짐에 따라 우주 환경 시험을 계속 반복한다. 만약 설계 디자인이 조금이라도 바뀌면 우주 환경 시험을 처음부터 반복해야 한다. 우주 환경 시험을 하려면 전용 시험실이 있어야 한다. 전용 시험실은 전자 시험실과 청정 시험실clean room로 이루어지는데 한국항공우주연구원, 한국천문연구원, 우주부품시험센터 등이 운영하고 있다.

위성이 우주로 나아가는 과정에서 발생할 수 있는 문제점들은 지상에서 미리 확인해야 한다. 생각할 수 있는 모든 경우의 수에 맞게 가능한 한 많은 시험을 해보는 것 외에는 우주에서 발생하는 문제를 해결할 방법이 없다. 위성 개발자라면 누구나 오류를 미리 발견하여 모든 문제의 가능성을 최소화하고 싶어 한다. 위성이 실제로 우주에 올라간 후 문제가 생기면 손 쓸 방법이 거의 없기 때문이다. 나는 종종 위성 만드는 일을 도자기 굽는 일에 비유한다. 조선시대 도공들이 자신이 만들던 백자에 조금이라도 균열이 생기거나 오류가 보이면 바로 깨버리고 다시 만든 것처럼, 위성 만드는 사람들도 단 하나의 오류도 용납하지 않는다. 실패를 방지하는 유일한 방법은 반복 또 반복해서 모든 가능성을 체크하는 것뿐이다.

## 정현파 진동 시험

진동 시험은 위성체의 임무나 모양에 관계없이 필요하다. 이 시험은 발사체에 실린 위성체가 지구 중력권을 벗어나 우주로 갈 때 발생하는 강한 진동과 충격을 견딜 수 있는지, 그리고 부품들이 제대로 동작하는지를 테스트하는 것이다. 발사체 패드 부분에서 발생하는 소음과 관련된 진동 시험과 연료통·페어링·위성 분리, 태양전지판 전개 등 여러 순간에 받을 충격을 모사한 진동 시험으로 구분한다. 강력한 진동을 위성체의 3축인 x, y, z축에 가하고, 구성품 모두가 제자리에 잘 붙어 있는지 확인한다. 부품과 탑재체들의 결합이 약하거나 느슨하면 이 과정에서 자리를 이탈하는 사고가 일어난다. 실제로 도요샛위성 진동 시험 중에 과학 탑재체 가운데 하나인 이리듐 모듈의 너트 하나가 이탈하는 사고가 발생하기도 했다. 도요샛위성은 지상국과 제대로 통신하지

○ 도요샛위성의 시험 인증 모델. 진동 시험 결과 탑재체 중 하나인
이리듐 모듈 보드가 떨어졌다. 이후 단단하게 접착하고 고정하자
다음 우주 환경 시험에서는 무사히 진동 시험을 통과했다.

못하는 경우를 대비하여 위성통신망을 활용하는 이리듐 통신 모듈을
탑재한다. 또 전개형 태양전지판 옆면의 태양전지 일부가 파손되기도
했다.

진동 시험에도 종류가 있는데, 위성체에 가해지는 다양한 진동 중
주기적인 진동을 가정하는 시험을 정현파 진동 시험Sine Vibration Test이
라고 한다. 정현파란 전기의 교류 신호에서 나타나는 것처럼 같은 파형
이 주기적으로 반복되는 외부 자극을 의미한다. 삼각함수에서 사인 곡
선을 생각하면 된다. 우리 주변에 항상 존재하는 모든 전자기 신호들은
주기적인 파형을 만들고 있다. 이 주기적 신호의 시간 간격을 주파수라
고 한다. 외부에서 주어지는 주파수가 공교롭게도 위성체 고유 진동수

와 일치하면 공진이 나타날 수도 있다. 물리학에서 공진(공명)resonance 은 물체의 고유 진동수와 외부 환경의 진동수가 비슷하거나 일치하여 물체의 진동이 커지는 현상이다. 고유 진동수는 물체의 고유한 특성이다.

공진에 의해 발생한 예기치 않은 사고를 예로 들어보자. 1850년 프랑스 앙제에서 478명의 군인이 일제히 발을 맞춰 앙제다리 위를 걸어가다가 공진이 일어나 다리가 무너져 내리는 사고가 있었다. 이 사고로 226명이 사망했다. 만약 군인들이 일제히 발을 맞추지 않고 무질서하게 다리를 건너갔더라면 공진이 발생하지 않았을 것이다. 2011년에는 우리나라 서울의 39층짜리 건물이 갑자기 흔들리는 바람에 많은 사람이 대피하는 소동이 일어났다. 명확하게 밝혀진 것은 아니지만, 그 건물 12층 피트니스센터 회원들의 태보 운동이 원인으로 추정되었다. 피트니스센터 태보 수강생 23명이 강사의 구령에 맞춰 발 구르는 동작을 반복했는데, 여기서 발생한 파동의 진동수가 건물의 고유 수직 진동수와 일치하면서 공진이 나타나 건물이 흔들렸다는 것이다.

공진 주파수를 정확하게 파악해야 나중에 문제가 발생하지 않기 때문에 외부 진동을 변화시키면서 공진 주파수를 찾기도 한다. 위성체 자체의 고유 진동수는 위성체의 x, y, z축에 대해 다른 값을 나타내므로 진동 시험도 3개의 축에 대해 각각 수행한다.

정현파 진동 시험을 하면 구조적 결함이나 부품이 파손될 가능성을 사전에 발견할 수도 있다. 진동 환경은 발사체의 이륙 경로, 불완전 연소에 의한 주기적 진동, 구조물과 추진 시스템 연소 등이 공진되는 경우 및 지상에서 위성체를 운반하는 과정에서 나타나는 환경을 모사한 것이다. 시험을 진행하며 위성체를 흔들 때 위성체 고유 진동수에서 발생하는 모드에 따라 구조물에 가해지는 힘을 측정한다. 위성체에 가해지는 힘이 특정 주파수에서 갑자기 커질 수 있는데, 이때 가해지는 무게가 일시적으로 크게 증가할 수 있다. 그러면 위성체가 기계적으로 크게 손상될 수도 있다.

정현파 진동 시험에서는 발사 때 나타날 수 있는 주파수로 시험을 한다. 주파수 혹은 진동수는 주기적인 충격이 가해질 때의 시간 간격이다. 즉, 60Hz는 초당 60번의 파형이 나타날 때를 말한다. 발사체의 진동 주파수는 대략 20~2,000Hz다. 즉, 초당 20번에서 2,000번의 외부 진동이 작용할 것이라는 의미다. 또한 지상에서 위성을 옮길 때, 예컨대 위성을 개발한 대전 한국천문연구원에서 발사장이 있는 나로우주센터까지 이동할 때 나타나는 충격이 일으키는 주파수 범위는 0.3~300Hz 정도다. 정현파 진동 환경을 정의하는 주파수값들은 발사체에 따라 달라지기 때문에 보통 발사체 회사에서 위성체 연구 팀에 미리 수치를 제공한다. 이렇게 주어진 주파수 범위 내에서 주요 기계 구조물(태양전지판, 안테나, 장비 플랫폼 등)과 주요 부품이 영향을 받는지 실험한다.

진동 시험을 할 때 주의해야 할 부위는 위성체의 전체 모양에서 바깥으로 돌출된 부분들이다. 예를 들면 내가 만들고 있는 도요샛위성은 긴 전자 밀도 측정기의 탐침이 바깥으로 30cm 정도 나와 있는데, 이러한 부위는 진동에 취약하다.

## 음향 진동 시험

음향 진동 시험Acoustic Test의 목적은 발사 시 엄청난 소음이 일으키는 압력 변화가 위성체에 미치는 영향을 확인하는 것이다. 즉, 외부에서 음파를 가했을 때 위성체가 구조적으로 안전한지를 점검하고, 부품들이 요구 조건대로 동작하는지 확인한다. 열적인 환경 시험과는 별도로 잠재적 문제점이나 기계적 결함(크랙 등)이 사전에 노출되도록 하여 발사 전에 문제점들을 조사하기 위해 실시한다.

소리가 만들어내는 음파에도 물리력이 존재한다. 음파의 주파수에 해당하는 외력이 작동하기 때문이다. 소리에 무슨 파괴력이 있을까 의문이 들 수도 있지만, 실제로 음파에는 파괴력이 있다. 목소리만으로도 유리잔이 깨지는 현상 역시 소리가 만든 음파가 유리컵의 고유 진동수와 공명을 이루었을 때 나타난다.

최대 음향 진동 환경은 발사체가 지구 표면을 출발하는 이륙 개시 순간과 속도가 높아지면서 음속을 통과하여 초음속으로 넘어가는 순간 발생하며, 지속 시간은 최대 10초 이내다. 발사 과정에서 변화하는 음향 진동은 기계적으로 발생하는 진동과 함께 위성체 부품에 심한 랜덤 진동 형태로 전달된다. 랜덤 진동이란 정현파 진동이나 음향 진동처럼 주기적이거나 예상할 수 있는 진동과 달리 불규칙하다.

시험에 필요한 최대 예측 음향 진동 환경은 대략 가청 주파수인 20~2만Hz 주파수 범위의 3분의 1 정도로 정한다. 국내의 환경 시험 절차는 나사의 환경 시험 절차와 기준을 따르고 있다. 이 시험 기준은 MIL-STD-1540B* 문서에 기록되어 있다. 이 기준에 따르면 음향 시험을 할 때는 모든 부품을 동작시켜야 한다. 부품들을 동작시키면서 음향 진동 시험을 할 때 나타나는 문제점은 주로 진동이 일으키는 간헐적 단락이나 지연 접속처럼 전기적 신호 오류와 관련 있다.

시험의 소음 스펙트럼과 수준은 여러 마이크로폰을 이용하여 기록한다. 공기의 매체로 질소 가스를 사용하여 시험실의 온도, 습도 및 청정도를 유지하고, 발생한 소음의 고주파수 영역이 상쇄되지 않도록 한다. 지상 시험용 부품들은 되도록 비행용 부품으로 모두 교체하고, 비행 시와 같은 조건에서 실험해야 한다.

## 충격 시험

충격 시험Shock Test의 목적은 위성체가 발사체에서 분리될 때, 그리고 궤도에 안착하고 태양 방향으로 자세를 잡은 후 태양전지판을 펼칠 때 받는 충격에 대비하는 것이다. 갑작스런 외부 충격에도 위성체가 구조적으로 안전한지 확인하고, 충격 후에 주요 부품이 제대로 동작하

---

• MILITARY STANDARD: TEST REQUIREMENTS FOR SPACE VEHICLES(10 OCT 1982)의 줄임말로 우주 부품의 성능 요구 조건을 규격화한 나사의 공식 문서다.

는지 파악해야 한다.

발사체가 발사를 시작하는 폭발 상황은 위성체에 큰 충격을 준다. 이때 모멘텀 휠 어셈블리momentum wheel assembly, MWA라는 장비가 동작해야 한다. 이 장비는 위성체가 자세를 제어하는 데 반드시 필요하다. 위성체가 같은 방향으로 회전할 때 쌓이는 각운동량을 보정해주기 때문이다. 위성체는 대개 한 방향으로만 회전하기 때문에, 간헐적으로 반대쪽으로 회전시켜 각운동량을 보정할 필요가 있다.

탑재체를 위성체에 부착하는 부분을 탑재체 부착기Payload Attach Fitting, PAF라고 한다. 탑재체 부착기와 위성체의 접속 부분은 발사 과정에서 약해지기 쉽다. 엔진을 점화하기 시작할 때와 엔진을 차단한 직후, 발사체의 단을 분리할 때, 페어링을 분리할 때 큰 충격이 발생한다. 이때 위성체의 각 부분이 연결된 접합 부위joint가 약해지기 마련이다.

발사체와 위성체가 분리될 때 둘 사이의 첫 접속 부분에서 나타나는 1차 충격의 강도가 가장 크고, 그다음 접합 부위의 2차 충격은 보다 작다. 2차 충격이 나타나는 부분들에도 최대 비행 수준의 충격 환경을 정의하고 적용하여 1차 충격만큼의 강도를 일으키며 실험한다. 이때 발생하는 고주파수 영역의 충격(혹은 파이로 충격pyrotechnic shock)에 민감한 부품과 구조물에 이 설정값들을 반영하여 설계한다. 다양한 충격 중 주파수와 파괴력이 가장 높은 것을 파이로 충격이라 한다. 충격 수준은 충격 근원지와의 거리, 그리고 충격 근원지와 대상 부품의 접합 부위의 수에 따라 급격하게 줄어든다.

시험은 최소 3회에서 최대 6회 정도 실시하고, 민감한 부위의 충격 반응을 관찰할 수 있는 측정 장치를 부착하여 반응을 측정한다. 일반적으로 위성체 전체가 들어가는 진공 체임버에 충격을 가해야 한다. 진공 체임버를 사용하기 어려우면 위성체에 진도 시험기shaker를 부착하여 인위적으로 충격 시험을 할 수도 있다. 이 과정에서 정현파 합산 등의 이론적 방법 등을 사용할 수 있다.

## 열진공 시험

발사체의 진동 환경이 발사 후 처음 1시간 이내에 집중적으로 나타나는 데 비해 열진공 환경은 지상 환경과 더불어 발사 순간부터 천이 궤도와 목표 궤도 진입, 정상 운영 등의 모든 과정에 나타난다. 우주 공간의 위성체는 태양에너지 복사로 인한 온도 상승과 태양에너지 차단, 즉 식eclipse● 등에 의한 온도 강하 등을 진공상태와 다름없는 환경에서 반복하여 경험한다. 열진공 시험Thermal Vacuum Test의 목적은 극한 온도 변화extreme temperature와 진공상태에서 위성체와 열 제어 서브시스템이 성능 요구 조건을 만족시키는지를 확인하는 것이다.

우주 공간은 공기가 거의 없는 진공이나 다름없기 때문에 진공 체임버에서 위성체에 대한 열진공 시험을 시행한다. 진공 체임버는 우주

---

● 하나의 천체가 다른 천체를 가리거나, 하나의 천체가 다른 천체의 그림자 안에 들어가서 일시적으로 보이지 않게 되는 현상이다. 달 그림자가 태양을 가리는 현상을 일식이라고 한다. 완전히 가릴 때를 개기일식, 부분적으로 가릴 때를 부분일식이라고 한다.

와 비슷한 진공상태를 만드는 작은 방 같은 기계 구조물이다. 또한 위성이 극심한 온도 변화를 수일에서 일주일 이상 동안 견디도록 진공 체임버의 내부 온도를 높였다 낮추기를 여러 차례 반복한다. 내가 만들고 있는 도요샛위성의 경우 $-10 \sim 50℃$의 온도 변화를 사흘 동안 10회 반복하는 열주기 환경 시험을 했다. 보통 위성이 클수록 온도 변화 범위를 더 넓히고, 임무가 국방이나 정찰이라면 조건을 더욱 보수적으로 정한다. 갑작스런 온도 변화는 지상에서 사용하는 상용 반도체 부품에 치명적이다. 많은 부품이 이 시험 단계에서 동작 오류를 일으키거나 복구 불능 상태가 된다. 그러면 기능이 같은 다른 부품으로 교체한 다음 바꾼 부품에 맞추어 전기회로도 수정하고 다시 시험해야 한다. 수많은 시험을 반복하여 모든 단계를 통과해야, 우주로 보낼 비행 모델의 디자인이 최종 결정된다. 그러므로 전자회로를 설계할 때 부품에서 발생하는 열이 외부로 잘 빠져나갈 수 있도록 열의 이동 경로까지 고려해야 한다. 또 능동적으로 열을 제어하는 방식도 여러 가지이기 때문에 적용한 방법이 적절한지 확인할 필요가 있다.

구조물의 크기와 높이, 부피 등을 고려하여 기계 구조를 설계하고 사전 시뮬레이션을 통해 열 통로에 문제가 있는지 검증하는 1차적 단계를 열해석 단계라고 한다. 위성체의 여러 모델 중 열해석을 마친 단계의 모델을 열해석 모델이라고 부른다. 이처럼 실제로 위성체의 온도가 뜨거워졌을 때 열해석 모델이 성능 테스트를 모두 통과하는지 확인한다.

예를 들어 도요샛위성의 성능 요구 조건은 $0 \sim 40℃$다. 자동 온도 조절 장치thermostat, 히터heater, 열 파이프heat pipe 등을 많은 서브시스템에 반영하고 완전히 조립한 상황에서 열적 성능 변화를 종합적으로 확인하는 것이 매우 중요하다.

열 파이프는 열전도율이 다른 고체들의 접합 면에서 열이 잘 전달되도록 만든 파이프다. 이 테스트를 통과하지 못하면 해체하고 다시 조립해야 한다. 특히 주의하며 살펴야 할 부분은 각 부품의 연결 부위들이다. 케이블, 커넥터, 조립 부품 등에 열적 변화를 가하면 불완전하거나 약하게 연결된 부위들이 드러나기 마련이다. 이 시험의 중요한 목적은 이러한 잠재적 결함을 미리 발견하는 것이다.

열진공 시험을 위한 진공의 정도는 $10^{-4}$torr토르 이하로 유지해야 한다. 이 정도의 수치는 대기가 거의 없는 진공상태를 의미한다. 참고로 지구 표면의 대기압은 760torr다.

열진공 시험을 할 때는 대부분 태양전지판, 안테나, 붐boom 같은 대형 부착물 등을 설치하지 않는다. 붐은 안테나나 자기장 측정기에 달린 막대 모양의 구조물이다. 태양전지판은 궤도에 안정적으로 진입할 때까지 접힌 상태를 유지해야 한다. 태양전지판과 태양전지는 열에 매우 민감하기 때문에 열진공 시험을 하지 않는 경우가 많다.

위성체는 수많은 전자 부품으로 이루어져 있기 때문에 동시다발적으로 전원을 작동하면 열이 생긴다. 또한 오랫동안 같은 모드로 운영하면 열이 일부분에만 쌓일 수 있다. 그렇게 시간이 오래 지나면 특정 부품들의 기능에 문제가 생길 수 있다. 따라서 부품별로 쌓여 있는 열이 빠져나갈 수 있는 발열 통로를 설계하고, 위성체의 각 구성품들을 배치한다. 또한 실제로 제작한 위성체 내부의 열이 설계대로 발열 통로로 방출되는지도 확인해야 한다.

위성 외부 표면의 태양에너지 흡수$^{absorption}$, 복사$^{radiation}$ 성능도 확인해야 한다. 고온 시험$^{Hot\ Soak}$은 태양에너지를 흡수해서 내부의 많은 부품이 뜨거워지는 상태를 모사하는 것이다. 저온 시험$^{Cold\ Soak}$은 위성이 태양의 반대쪽에 들어가 차가워지는 식 상황을 모사하는 것이다. 이 양 극단의 온도 환경에서 배터리의 방전과 충전 능력을 평가하는 일도 위성의 생존에 매우 중요하다. 일반적인 전자 부품은 지상에서 시간당 3℃의 온도 변화를 감당할 수 있다.

지금까지 우리나라가 발사한 인공위성은 저궤도와 정지궤도에서 움직이고 있다. 저궤도용 위성체의 열진공 시험에서는 위성이 우주에서 경험하는 온도의 일변화$^{diurnal\ variation}$를 동적으로 모사하기 위해 진공 체임버의 온도를 주기적으로 바꾼다. 저궤도 인공위성의 궤도주기는 약 100분이다. 그렇다면 하루 24시간 동안 인공위성이 지구 주변을 도는 횟수는 14.4바퀴가 된다. 인공위성이 지구의 앞쪽에서 태양을 볼 때는 온도가 올라가고, 지구 뒤편으로 들어가 태양이 보이지 않을 때는 온도가 낮아진다.

열진공 시험에서는 계절 변화량, 일 변화량, 태양을 바라보는 각도에 따른 변화량, 식에 따른 변화량 등의 온도 범위를 모두 적용해야 한다. 위성체가 들어가 있는 진공 체임버의 온도를 뜨겁게 만드는 과정을 '굽는다'는 의미에서 베이킹이라고 표현하기도 한다. 집을 새로 지은 후 난방 온도를 높여 인체에 해로운 화학물질을 연소시킬 때도 베이킹이란 단어를 쓰는데, 이와 비슷하다고 할 수 있다.

시험을 위해 진공 체임버에 위성체를 넣으면 밖에서 연구자들이 각종 신호를 모니터링해야 하기 때문에 작은 구멍을 통해 수많은 전선 가닥을 체임버 외부와 연결한다. 수술실에 누워 있는 환자의 몸에 많은 선이 연결된 모습을 연상하면 된다. 개발자들은 수많은 테스트 단계마다 위성체가 제대로 동작하는지 여부를 긴장 속에서 꼼꼼히 확인하며 기다려야 한다. 시간도 수일에서 일주일 이상 걸리기 때문에 당번을 정해서 쉬지 않고 상태를 점검해야 한다. 그러다 보면 정말로 중환자 병

도요샛위성 시험 인증 모델의 열진공 시험. 밖에서 위성의 상태를 확인하기 위해 수많은 전선을 진공 체임버 외부와 연결해야 한다.

실에 입원한 환자를 지켜보는 보호자 같은 심정이 된다.

## 열균형 시험

열균형 시험Thermal Balance Test은 인증 모델이나 첫 번째 비행 모델에 실시한다. 시험 결과에 따라 필요하면 온도 예측을 위한 열해석과 열진공 시험에서 사용한 경계 조건들을 수정하며 다시 시험한다. 열균형 시험은 설계를 평가하고 온도를 예측하기 위해 사용하는 열해석 모델의 유효성을 증명하기 위한 시험으로, 열진공 시험을 할 때 실시한다.

시험 중에는 열 설계와 열 제어 성능을 규명할 수 있도록 위성체 내외부의 온도값을 충분히 측정해야 한다. 이후 결과에 따라 임무 기간 중에 부품들이 규정된 온도를 벗어나지 않도록 열해석이나 부품을 수정한다. 또한 발사 과정과 궤도 조건에서 나타나는 모든 열적 환경, 즉 태양복사, 지구 알베도, 지구 복사열 및 위성체 내부 발열 등을 포함한 외부 환경 조건하에서 열 제어계thermal control subsystem의 성능과 열전달의 물리적 현상도 확인한다. 첫 번째 위성체에서 확인한 열균형 성능을 기준으로 열적 설계가 크게 바뀌지 않으면 다음번 비행 모델부터는 이 시험을 하지 않는다. 앞서 말했다시피 열적 균형은 인공위성의 생존에 매우 중요하므로 반드시 한 번은 수행해야 한다.

## 위성체 전기적 성능평가 시험

위성체 전기적 성능평가 시험Satellite Electrical Performance Evaluation Test,

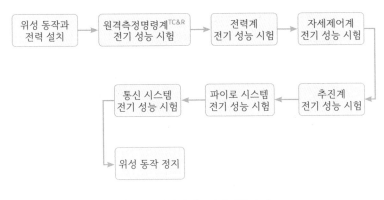

```
위성 동작과        원격측정명령계TC&R      전력계           자세제어계
전력 설치         전기 성능 시험        전기 성능 시험      전기 성능 시험

통신 시스템        파이로 시스템        추진계
전기 성능 시험      전기 성능 시험       전기 성능 시험

위성 동작 정지
```

● 위성체 전기적 성능평가 시험 순서도

SEPET은 모든 환경 시험 전후, 그리고 조립 시험 전후에 여러 번 반복해야 한다. 위성체를 최초로 조립하는 단계의 처음과 끝에도 실시한다. 환경 시험을 시작하기 전후에는 지구의 대기 온도와 압력 조건에서 수행한다. 또한 열진공 시험을 할 때 고온과 저온 진공상태에서 각각 실시한다. 이 시험의 목적은 각 서브시스템의 접속 관계를 포함한 위성체가 성능에 맞도록 조립되었는지, 그리고 위성체를 운영하는 모든 모드에서 전기 신호들이 제 기능을 발휘하는지를 계속 확인하는 것이다.

## 전파 통신 시험

모든 전자 장비는 전파 신호를 발생시킨다. 위성체도 통신을 위해 전파 장비와 안테나를 탑재한다. 따라서 전파 신호들을 지상으로 잘 송신하는지, 지상의 안테나가 잘 수신하는지를 사전에 시험해야 한다. 전

🌒 전파 신호를 흡수하여 반사를 막는 무향실 구조

파 통신Radio Frequency, RF 시험에서는 무선으로 신호를 주고받는 모든 송수신 장치의 작동 성능을 평가한다. 시험할 때 주변에 산이나 높은 건물이 있으면 송수신에 간섭이 생길 수도 있기 때문에 산꼭대기처럼 주변이 트인 야외에서 하기도 하고, 모든 전파 신호를 인위적으로 차단한 무향실에서 하기도 한다.

### 정렬 시험

정렬 시험Alignment Test은 위성체 센서들 중 특정 방향을 지향할 필요가 있는 지구 센서, 태양 센서, 별 센서 등과 추력기thruster, 자세 제어 장치(모멘텀 휠 어셈블리, 자기 토커, 변화율 측정 어셈블리 등)의 위치와 방향이 발사 후에도 제대로인지를 확인하는 실험이다.

별 센서는 위성체가 자세를 처음 정렬할 때 멀리 있는 별빛을 기준으로 정하기 위해 별을 찾는 센서다. 태양 위치를 기준으로 정하고자 한다면 태양빛을 감지하는 센서를 부착하므로 태양 센서라고 한다. 추력기는 위성체의 자세를 능동적으로 제어하기 위해 화학 연료나 전기를 사용하여, 진행하고자 하는 방향의 반대쪽으로 추력을 분사하는 장비다. 자기 토커는 자기모멘트를 발생시키는 구동기로, 우주에서 지구 자기장과 상호작용하여 인공위성에 인위적인 자기장 토크를 만든다.

정렬 시험은 진동 시험 이전과 이후, 최종 납품 전에 실시한다. 진동 시험 전의 정렬 시험에서는 주로 센서와 추력기 등의 초기 위치와 방향을 측정하며, 측정 결과는 최종 요구 각도를 정하는 기본 자료가 된다. 진동 시험 후의 정렬 시험에서는 움직인shift 양을 측정한다. 위성

● 전통적 형태의 경위의

을 납품하기 전의 최종 정렬 시험에서는 각 센서와 추력기 등의 각도를
마지막으로 정렬하고 발사장으로 옮긴다. 이때 정렬을 위해 흔히 경위
의theodolite• 를 사용한다.

## 전개 시험

우주로 발사한 위성은 최종적으로 발사체 상단에서 분리되는 순
간 매우 빠르게 회전한다. 위성이 정신을 차리고 제대로 자세를 잡고
정확한 위치를 알게 될 때까지는 회전에 영향을 미칠 만한 돌출 부위가
접힌 상태를 유지한다. 예를 들면 태양전지판이나 안테나 등의 부속품
은 위성이 안정적으로 자리를 잡을 때까지 접혀 있다.

전개 시험Deployment Test은 접혀 있던 부품들이 궤도에서 펼쳐질 때
의 성능을 확인하기 위해 시행한다. 태양전지판 전개, 안테나 전개 등
의 시험을 포함한다. 전개 시험은 진동 시험 전후 및 최종 정렬 시험 때
등 총 3회에 걸쳐 수행한다.

태양전지판 전개 시험에서는 태양전지판 완충기damper•• 의 동작
을 시험한다. 완충기는 태양전지판이 펼쳐지는 속도를 제어하고 부드

---

• 세오돌라이트 또는 데오돌라이트라고 하며 측지기라고도 부른다. 망원
경이 달렸으며, 수평축이나 수직축을 기준으로 각도를 재는 측량 기기다. 주
로 측량 응용 분야에 사용되며 기상학, 로켓 발사 등에도 사용된다.

•• 부속품의 위치 이동을 억제하는 장치다. 미국식 영어로는 쇼크 업소버
shock absorber, 영국식 영어로는 댐퍼damper라고 한다. 용수철로 진동, 충격
을 줄이는 시스템에서 용수철의 특성에 의한 반동(주기 진동)을 완화하기 위
해 사용된다. 주로 자동차 등의 서스펜션에 사용된다.

럽게 작동하도록 해준다. 태양전지판과 전지판의 연결 부위, 태양전지판과 위성 본체의 연결 부위를 힌지hinge●라고 한다.

전개 시험을 할 때 전지판 조명 시험Illumination Test, 태양전지판 정렬 등도 실시한다. 조명 시험에서는 태양전지판과 전력 서브시스템power subsystem의 접속 관계를 확인하고, 온도에 따라 완충기와 힌지가 동작하는 상태를 점검한다. 위성체마다 본체와 태양전지판이 결합한 방식이 다르지만, 양쪽으로 2개의 태양전지판 날개가 있으면 각각 별도로 시험하여 전개 시간, 정렬 상태, 힌지의 오동작 범위 등을 측정한다.

크기가 큰 태양전지판 등의 전개 시험을 할 때는 지상의 중력장에서 일어나는 현상과 발사 후 우주의 무중력 공간에서 일어나는 현상을 고려해야 한다. 무중력 상태에서는 전개 시험을 하기가 매우 까다로우므로 저궤도 위성을 개발할 때는 생략하는 경우가 많다.

## 물성치 측정 및 회전 균형 시험

물성치 측정 및 회전 균형 시험Mass Properties and Spin Balance Test은 초기 개념 설계할 때 예상하여 이론적으로 도출한 물질의 특성값들이 제작 후에도 같은 값을 나타내는지를 측정하는 시험이다. 이때 측정하

---

● 경첩이라고도 한다. 경첩은 여닫이문을 문틀에 달아 고정할 수 있도록 만든 철물 등을 뜻한다. 고전적인 형태는 돌쩌귀라고 불리며, 암수로 구분한다.

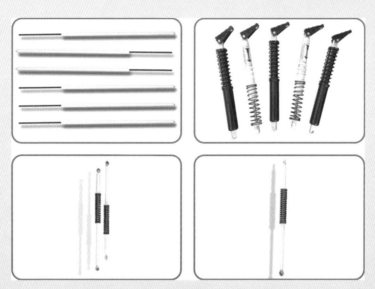

◔ 태양전지판에 부착되는 완충기

©한국항공우주연구원

◔ 태양전지판을 전개한 천리안 2B호

는 값들은 위성체 무게, 무게중심center of gravity, CG, 관성모멘트moment of inertia, MOI 등이다. 이 측정의 목적은 궤도에서 위성체가 회전할 때의 평형값을 얻는 것이다. 발사 과정과 궤도에서 임무를 수행할 때 위성에 필요한 무게중심의 좌표와 관성모멘트값을 알아내고, 최종적으로 위성체의 정확한 무게 정보를 검증해야 한다.

회전 균형 시험은 진공상태에서 실시하여 기준값을 결정하는데, 이때 공기 저항 같은 영향을 최대한 배제한다. 이 값들을 기본으로 정하면 추후에 공기 저항에 따라 보정할 수 있다. 자세를 정밀하게 제어하려면 기본값들이 반드시 필요하다. 중심축(보통은 x축) 관성모멘트는 진공상태와 대기 상태에서 모두 측정하여 진공 보정계수를 산출한다. 회전 균형 시험은 공기 중에서 공기 저항의 영향을 결정하기 위해 위성체 제조 회사와 발사장에서도 반복한다. 이때 진공 회전 균형 시험과 비교하여 평형 무게의 위치와 크기 등을 결정한다. 발사장에서 위성체에 연료를 주입하고, 원지점에 진입하기 위한 모터, 로켓 안전장치safe & arm 등을 설치한 후에도 회전 균형 시험을 반복하여 마지막으로 확인한다.

## 전자기 호환 시험

전자기 호환 시험Electromagnetic Compatibility Test, EMC Test은 부품과 위성체에 전달되는 신호와 복사되는 신호conductive and radiative signal를 측정하는 시험이다. 부품에 일정 수준의 전파 통신 신호가 전달되고 있거나 전달된 후 가상 신호나 변조 현상이 나타나지 않고 성능을 유지하는지 확인한다. 위성의 전자기파가 다른 전자기파 발생 장비와 간섭을 일으키지 않고 사이좋게 동작하는지 확인하는 전자기 인증 시험의 일종이다.

이 시험에서는 발사체와 지상의 지원 장비 같은 시스템이나 부품에서 나올 수 있는 전자기 복사와 관련하여 장비가 만족할 만하게 동작해야 한다. 이때 위성체가 다른 시스템에 미치는 전자기 간섭electromagnetic interference, EMI도 측정한다.

이 시험은 발사체 업체에서 위성체를 최종 인수할 때도 반드시 시행해야 한다. 발사체 장비도 다양한 전자기파를 발생시키므로, 혹시라도 우리가 만든 인공위성이 발사에 영향을 미쳐서는 안 되기 때문이다.

## 자기 쌍극자 시험

지금까지 부분별 시험을 설명했는데, 위성을 완전히 조립한 후에도 앞에서 열거한 환경 시험을 반복해야 한다. 이때 자기 쌍극자 시험Magnetic Dipole Test도 해야 한다. 위성이 움직이는 공간은 지구자기장의 영향을 받기 때문에, 위성체가 측정하려 하는 자기장값도 영향을 받는다. 이 값을 보정하려면 지구 표면의 자기장값을 사전에 기본값으로 측정하는 시험이 필요하다.

하나의 커다란 자석인 지구 주변에는 지구 자기력선이 형성한 자기권이 있다. 인공위성을 지구 자기권 내에서 운용할 예정이라면, 미리 지구자기장값을 측정하고 위성체가 우주에서 측정한 값들과의 차이를 보정하여 위성체 위치를 정확히 파악할 수 있다.

이 시험의 목적은 궤도에서 움직이는 위성체 주위에 형성되는 자기장값을 각 축(x, y, z)별로 측정하여 잔여 자기장residual dipole을 전자석으로 없애기 위해서다. 위성체가 동작하지 않는 상태에서 3개 축의 기본적인 자기장값을 측정하고, 동작하는 상태에서 변화한 자기장값을 다시 측정한다. 이후 위성체가 궤도에서 움직일 때 자세를 제어하고 자기장값의 변화가 누적되면 미리 측정한 값들을 활용하여 초기에 설정한 값으로 되돌린다.

## 열진공 및 열주기 시험

위성체를 완전체로 조립한 후에도 열진공 시험을 반복해야 한다. 모든 부품의 재료, 설계, 제작, 공정에 잠재한 문제점을 사전에 발견하고 수정하기 위해 반드시 시행해야 한다. 특히 진공상태에서 성능을 확인해야 하는 부품, 지상국과 통신하는 송수신기 같은 전파 통신 관련 부품, 고출력 부품, 동작 부품 등은 모두 열진공 시험을 거쳐야 한다.

위성체의 모든 부품에 열진공 시험을 할 때 열 설계 과정을 규명하기 위해 열균형 시험도 수행한다. 부품 수준과 위성체 수준 모두에 열 시험을 하는 주된 이유는 성능 규명보다는 작업성 점검workmanship check을 위해서다. 위성도 결국 인간이 만들기 때문에 실수가 생길 수 있다. 수많은 납땜질과 나사 조임이 필요한데, 어느 부분이든 실수 없이 완벽하다고 보장할 수는 없다. 따라서 마지막 단계에 열주기 시험을 하는 목적은 설계도대로 완벽하게 작업했는지를 확인하는 것이다.

위성체를 개발하는 세계 각국은 MIL-STD-1540B 문서의 요구 사항을 따르고 있다. 이 문서는 위성체에 4회의 열진공 시험을 하도록 요구하고 있다. 4회의 열진공 시험 대신 40회의 열주기 시험과 최종 1회의 열진공 시험을 해도 된다고 명시되어 있으나, 진공에 민감한 부품의 성능을 확인하기 위해 열진공 시험을 생략하지 않는 경우가 많다.

## 우주방사선 시험

우주 공간은 태양과 은하에서 오는 우주방사선으로 가득하다. 그러므로 위성이 임무 기간 동안 얼마만큼의 방사선에 피폭될지를 미리 계산해서 부품과 위성체의 차폐 정도를 결정한다.

전체 임무 기간 동안 위성체에 누적되는 방사선량을 총전리 방사선량Total Ionizing Dose, TID이라고 한다. 태양에서 나오는 고에너지 양성자나 중이온은 단 1개의 입자만 위성체에 부딪혀도 치명적인 결함을 일으킬 수 있다. 이처럼 양성자 혹은 중이온 단일 입자가 일으키는 피해를 단일사건효과Single Event Effects라고 한다.

총전리 방사선량에 관한 지상 시험은 주로 정읍 한국원자력연구원 첨단방사선연구소에서 감마선을 조사하여 수행한다. 단일사건효과를 시험할 때는 경주 한국원자력연구원 양성자가속기의 100MeV 에너지의 양성자 빔을 활용한다. 우주방사선과 전자 부품 단위의 관계를 면

● 우주방사선에 피폭된 전자 부품의 단일사건효과를 시험하는 모습.
경주 한국원자력연구원 양성자가속기의 100MeV 양성자 빔을 활용했다.

밀히 시험해야 하는 이유는 고에너지 양성자가 위성체 몸체 대부분을 뚫고 들어가 전자 부품에 직접적인 영향을 미칠 수 있기 때문이다. 이러한 영향은 대부분 위성체의 치명적인 동작 오류를 일으키며, 심한 경우 복구가 불가능한 상태로 만들 수도 있다.

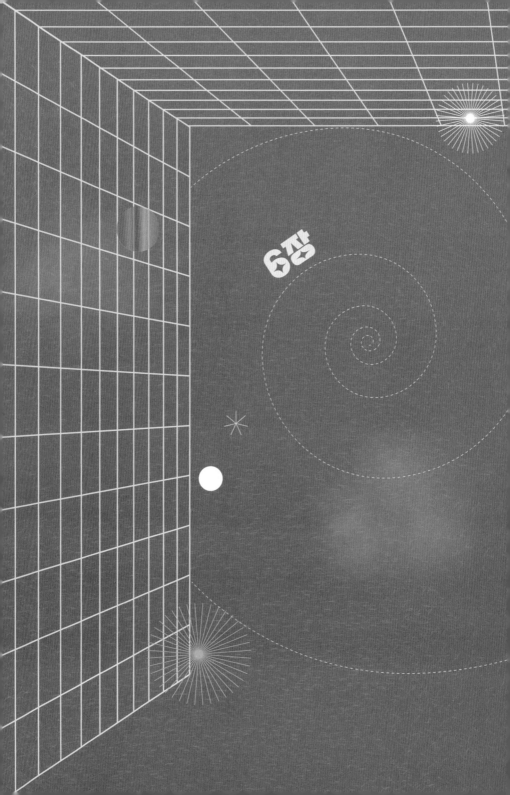

6장

로켓과 연료

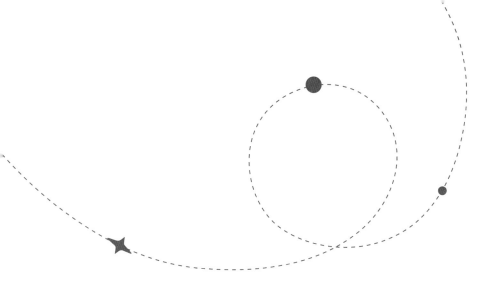

　많은 연구자가 오랫동안 여러 단계를 거쳐 위성체를 완성하면 드디어 발사할 시기가 된다. 위성체의 마지막 단계 모델인 비행 모델은 극도로 세심한 주의 속에서 발사 장소로 옮겨진다.

　우리나라의 로켓 발사장은 전라남도 고흥에 있는 나로우주센터다. 우리나라는 다양한 로켓을 발사할 수 있는 기술을 아직 확보하지 못했기 때문에 대부분의 위성을 해외 발사장에서 해외 발사체로 발사하고 있다. 따라서 애지중지 소중하게 만든 인공위성을 인천국제공항까지 보내 비행기에 실어서 해외로 운송하고, 이후 해외 공항에서 발사장이 있는 외딴 지역까지 먼 거리를 이동해야 한다. 발사 센터는 주로 사람이 거주하는 지역과 동떨어진 해안가에 있다.

　이처럼 길게 이동하는 동안 위성체에 아무 변화가 일어나지 않도록 하려면 매우 세심하게 관리해야 한다. 하드웨어에 이상을 일으킬 수 있는 어떤 미세한 변화도 나타나지 않도록 최후의 순간까지 최선을 다해야 하는 것이다. 현지 로켓 발사장에서는 위성의 성능 확인을 되도록 최소한으로 하고 발사한다. 만약 위성이 추력기를 달고 있어서 액체연료를 보충해야 하면, 발사하기 직전에 주입한다. 내가 만들고 있는 도요샛위성도 카자흐스탄의 바이코누르 우주센터에서 성능을 최종 점검하고 추력기에 액체연료를 주입할 예정이다.

## 로켓은 어떻게 작동할까

인공위성이 우주로 나가기 위해서는 먼저 지구의 강한 중력의 영향권을 벗어나야 한다. 지구가 잡아당기는 중력을 이겨내고 대기권 밖으로 나가려면 매우 큰 운동에너지가 필요하다. 이 에너지를 만들어주는 것이 바로 로켓이다. 로켓은 뉴턴의 세 번째 운동 법칙인 '작용-반작용의 법칙'에 따라 중력을 이기는 힘을 얻는다. 로켓의 엔진이 연료를 태우고 가스를 지구 표면 방향으로 분사하면, 그와 같은 힘으로 가스 분사의 반대 방향인 우주로 날아가는 것이다. 로켓 엔진은 내부에서 엄청난 가스를 만들고 바깥으로 배출한다. 이 가스의 반작용 때문에 추력이 생긴다. 고압 가스는 압력이 낮은 쪽으로 나가려 하는데, 로켓 추진 기관의 맨 뒤에는 노즐이라는 좁은 구멍이 있다. 좁은 공간에 모인 가스가 한꺼번에 바깥으로 나가려 하면 반작용이 매우 강력해진다.

## 로켓의 종류

로켓은 사용하는 연료의 종류에 따라 크게 고체연료 로켓, 액체연료 로켓, 하이브리드 로켓으로 구분할 수 있다.

### 고체연료 로켓

로켓을 발사할 때는 엄청난 가스를 만들기 위해 연소관에 연료를 채우는데, 역사가 가장 오래된 연료는 고체연료다. 다이너마이트의 원

반작용 : 분사된 고온, 고압의 가스가 로켓을 미는 힘

작용 : 로켓이 연료를 연소하여 발생한 고온, 고압의 가스를 분사

작용-반작용의 법칙에 의해 우주로 나아가는 로켓

료로도 유명한 니트로글리세린 같은 화학물질이 대표적인 고체연료다. 로켓의 연소관은 고온과 고압에도 잘 견디는 합금으로 만든다. 최근에는 무게가 가벼우면서 더 강한 복합 소재를 사용하기도 한다.

고체연료 로켓은 크게 연료인 추진제가 들어 있는 추진제통과 노즐로 구성된다. 추진제가 들어 있는 통은 대부분 긴 원통형이며, 금속이나 복합 재료로 만든다. 로켓이 에너지를 얻도록 해주는 추진제는 연소를 도와주는 산화제와 연료로 구성되어 있다. 산화제는 산소가 많이 포함되어 있는 질산칼륨$^{KNO_3}$, 과염소산칼륨$^{KClO_4}$, 과염소산암모늄$^{NH4ClO_4}$ 등이다. 과거에는 고체연료 로켓의 연료로 목탄과 유황이 사용되었으나 현재는 알루미늄이 많이 사용되며, 연료와 산화제를 결합하면서 연료 역할도 할 수 있는 고무 합성물질 탈수산화부타디엔$^{HTPB}$도 많이 사용되고 있다.

로켓을 발사할 때는 추진제 재료를 반죽하여 잘 섞은 다음 추진제통에 넣을 때 고체 추진제의 중앙에 구멍을 만든다. 추진제에 뚫린 구멍의 크기와 모양에 따라 로켓의 연소 시간과 연소 면적, 즉 추력의 크기가 달라진다.

고체 추진제가 연소할 때 추진제의 안쪽과 바깥쪽에서 동시에 타들어가도록 할 수도 있다. 이렇게 하면 추력을 더 일정하고 크게 조절할 수 있다. 추진제통의 아래에는 가스를 배출하는 노즐이 붙어 있다. 노즐은 추진제통 속의 추진제가 타면서 만드는 고온, 고압, 저속의 연소 가스를 저압, 고속의 배기가스로 만드는 매우 중요한 부분이다. 노

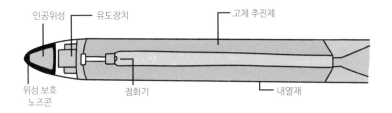

인공위성　유도장치　고체 추진제
위성 보호 노즈콘　점화기　내열재

즐은 고온의 가스가 통과해야 하기 때문에 흑연이나 복합 재료 등 특수한 합금 재료로 만든다.

　고체연료 로켓은 추진제를 보관한 채 오랫동안 대기할 수 있고 구조가 단순하며 비용도 저렴해서 경제적으로 장점이 있다. 하지만 우주발사체로서는 큰 단점이 있다. 추진제에 한 번 불을 붙이면 중간에 추진되는 연료의 양을 조절하는 것이 불가능하고, 시간에 따라 균일하게 연료를 태우기도 힘들기 때문이다. 즉, 한 번에 큰 추력을 얻기에는 좋으나 비행 도중 추력을 미세하게 조절할 수 없고, 균일하게 추력을 얻을 수도 없다. 따라서 우주발사체로 고체연료 로켓을 사용하는 경우는 드물고, 액체연료 로켓이나 액체와 고체를 혼합한 하이브리드 로켓을 주로 사용한다.

　하이브리드 로켓은 지구 중력권을 탈출하는 데 필요한 높은 추력을 얻기 위해 하단에 고체 로켓을 쓴다. 발사의 마지막 단계에 위성을 우주 궤도에 안착시키려면 미세한 자세 기동이 필요하므로 상단에는 액체 로켓을 사용한다. 만약 위성체가 무겁거나 매우 멀리 보내야 해서 더 높은 추력이 필요하면 우주발사체 옆에 고체 로켓 부스터를 붙이기도 한다.

로켓 및 추진제의 성능을 측정하는 물리적 지표는 비추력$^{Isp}$이다. 비추력은 로켓 연료의 효율성을 나타내는 단위로, 1kg의 연료가 1초 동안 연소될 때의 추력을 뜻한다. 단위는 초로 나타내고, 기호는 Isp로 나타낸다. 비추력은 비추진제 소모량specific propellant consumption의 역수에 해당한다. 비추력의 값이 클수록 추진제의 성능이 좋다고 볼 수 있다. 우주왕복선의 비추력은 진공상태에서 269초다.


## 액체연료 로켓

고체연료는 일단 불이 붙으면 계속 타오르지만 액체연료는 라이터처럼 연료량을 제어하여 불의 세기를 조절할 수 있고, 불을 껐다가 금방 다시 켤 수도 있다. 따라서 액체연료 로켓의 추진제를 구성하는 연료와 산화제의 양을 조절하면 추력을 조절할 수 있다. 스페이스X가 1단 로켓을 지상으로 회수할 수 있는 이유도 액체 엔진을 사용하기 때문이다.

그러나 구조가 간단하고 제작 비용이 적게 드는 고체연료 로켓과 달리 액체연료 로켓은 비용이 많이 든다. 또한 관련 기술을 보유한 나라가 10개국에 불과할 정도로 구조가 매우 정교하고 복잡하다. 한국형

● 스페이스X의 팰컨 헤비 로켓이 발사 후 착륙 지점으로 복귀하는 장면

발사체 누리호도 액체연료를 사용하는 로켓이다. 누리호는 지구 저궤도에 1.5t 규모의 인공위성을 수송하는 것이 목적이기 때문에 추력을 정밀하게 제어할 수 있는 액체연료 로켓 방식이 유리하다.

액체연료 로켓은 자동차의 연비라고도 할 수 있는 비추력이 고체연료 로켓보다 높다. 따라서 적은 연료로도 많은 물건을 실어 나를 수 있다. 그래서 달 착륙에 사용한 새턴 5나 최근 민간 유인 우주선 발사에 사용하는 스페이스X의 팰컨 9 등 지난 50년간 만들어진 발사체 대부분에는 액체 추진제가 사용되었다.

해외의 대형 발사체들은 대부분 액체 엔진에 고체 부스터를 달고 있다. 우리나라 정지궤도 위성인 천리안 2B호가 우주로 갈 때 사용한 아리안 5 발사체에도 2개의 고체 부스터가 달려 있었다. 고체 부스터를 활용하면 연료를 가장 많이 사용하는 초기 이륙부터 대기권 구간까지 상승하는 동안 연료를 아낄 수 있어서 결과적으로 더 무거운 위성을 우주로 보낼 수 있다.

액체연료 로켓은 추진제통(연료통과 산화제통으로 구성), 연료와 산화제를 연소실에 주입하는 펌프, 각 펌프를 회전시키는 터빈, 터빈을 움직이는 가스 발생기, 가스 배관 장치, 가스 유출 조정 장치, 추진제 주입기, 연소실 및 냉각 장치, 연소 가스를 밖으로 분출하는 노즐 등으로 구성된다.

추진제를 연소실로 보내는 방법은 추진제통 위에 있는 압축가스통에서 산화제통과 연료통의 상부에 연결된 관을 통해 고압의 압축가스를 넣으면 압력이 통 속의 추진제를 각각 연소실로 밀어내는 방법, 그리고 터빈으로 펌프를 회전시켜 추진제통에 있는 추진제를 연소실에 각각 밀어 넣는 방법 등이 있다. 예전에는 터빈을 움직이기 위한 가스도 별도로 보관했다가 주입해야 했는데, 현재는 로켓 내부에 보관하기 때문에 터빈을 움직이는 데 어려움이 없다. 고압 가스를 이용하여 추진제를 연소실로 보내는 방법은 로켓이 커지면 압축가스통도 커지기 때문에 큰 로켓에는 사용하지 않으며, 소형 인공위성의 추력기처럼 작은 시스템에만 사용한다.

액체연료 로켓은 산화제로 액체 산소$^{O_2}$, 질산$^{KNO_3}$, 사산화이질소

N₂O₄ 등을 사용하며, 연료로는 등유, 액체 수소H₂, 비대칭 디메틸히드라진UDMH, 히드라진N₂H₄ 등을 많이 사용한다. 액체 산소(-183℃)와 액체 수소(-253℃)는 극저온의 액체 상태로 이용하므로 극저온 추진제라고 부른다. 비대칭 디메틸히드라진과 사산화이질소는 상온에서 다룰 수 있어서 상온 추진제라고 부른다. 이 추진제는 연료와 산화제가 접촉하면 자동으로 점화하는 특성이 있기 때문에 접촉성 추진제라고도 한다.

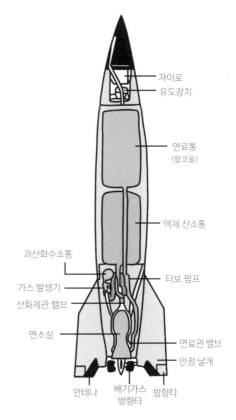

● 액체 로켓의 구조

접촉성 추진제는 미사일과 인공위성의 추력기에도 많이 사용된다.

　세계에서 가장 큰 액체연료 로켓은 1969년 나사가 아폴로 우주선을 달에 보내기 위해 사용한 새턴 5다. 전체 길이가 111m, 1단 로켓의 직경이 무려 10m, 전체 무게는 2,941t이었다. 1단 로켓에는 F-1 엔진 5개를 사용했는데, 총 추력이 3,450t이나 되는 괴물 로켓이었다.

## 하이브리드 로켓

하이브리드 로켓은 고체연료 로켓과 액체연료 로켓의 단점을 개량하여 추력을 조절할 수 있도록 개발되었다. 이 로켓은 연료를 고체로 만들어 로켓 모터 케이스 속에 채워 넣고 고체 추진제의 중앙 부분에 액체 산화제를 분사하여 연소시킨다. 고체연료에 분사하는 액체 산화제의 양에 따라 추력을 조절할 수 있고, 산화제 공급을 도중에 중단하여 연소를 중지시킬 수 있다.

# 우리나라의 로켓

우리나라 로켓의 역사는 1993년 충청남도 태안의 안흥 종합시험장에서 최초의 로켓 KSR-1을 발사하면서 시작되었다. 고체연료를 사용한 고체연료 로켓 KSR-1은 고도 75km까지 올라갔다 내려왔다. 오존을 관측할 수 있는 과학 탑재체가 있었기 때문에, 비행하는 동안 2회에 걸쳐 한반도 상공 성층권의 오존 분포를 수직으로 측정하는 과학 실험을 수행했다. 이렇게 낮은 고도까지 올라가는 로켓은 대부분 과학적 임무가 목적인 관측 로켓으로 사용된다.

우리나라의 두 번째 로켓은 1998년에 발사한 KSR-2다. 고체연료를 사용한 관측 로켓으로, 2단으로 구성되었다. 이 로켓은 고도 160km까지 올라갔고, 플라스마 검출기 등의 탑재체가 이온층의 전자 밀도와

발사대에 장착된 KSR-2

엑스선을 관측했다.

세 번째 로켓은 2002년에 발사한 KSR-3이다. 액체연료 로켓 기술을 처음 시험한 로켓으로, 고도 43km까지 올라갔다. 1단으로 구성된 KSR-3은 인공위성을 발사할 수 있는 큰 로켓은 아니었다. 이후 개발하는 나로호에 사용할 원천 기술을 확보하기 위해 발사한 것이었다. 이 로켓은 러시아로부터 기술을 이전받은 액체연료 엔진을 사용했다. 대부분의 선진국은 액체연료 엔진을 개발할 때 추력 10t, 30t, 75t 순서로 제작했다. 우리나라도 이 순서대로 최초의 액체연료 로켓 KSR-3을 위해 추력 13t 엔진을 개발했고, 2006년에는 추력 30t 엔진을, 2020년에는 드디어 추력 75t 액체연료 엔진을 개발했다.

##  급성장하는 세계 우주시장

세계 우주산업의 동향과 통계 자료를 담은 2020년 '스페이스 리포트' 특집호는 코로나바이러스감염증-19로 인한 팬데믹에도 불구하고 2020년에 우주산업이 얼마나 비약적으로 성장했는지를 잘 보여주고 있다. 특히 민간이 주도하는 상업적 우주개발 분야가 크게 성장했는데, 그 중심에는 미국의 우주기업 스페이스X가 있다. '스페이스 리포트'에 따르면 2020년 정부와 민간 영역을 아우른 전 세계 우주산업의 규모는 4,470억 달러(약 523조 원)로 2019년보다 4.4% 성장했다. 2005년보다 176%, 2015년보다는 55%로 급격히 성장하고 있다.

그중 민간이 주도하는 상업적 우주산업의 비중은 3,566억 달러로 전체 우주시장의 79%를 차지했는데, 이는 2019년보다 6.6% 성장한 수치다. 상업적 우주시장 매출의 약 3분의 2는 GPS 같은 전 지구 위성 항법 시스템GNSS과 위성 TV처럼 인공위성에 기반한 상품과 서비스에서 발생했다. 나머지 매출은 인공위성과 발사체를 제작하고 발사하는 '우주 인프라와 지원 사업' 부문에서 발생했다. 인프라와 지원 사업 부문의 총매출은 1,370억 달러로 2019년보다 16.4% 증가했다. 인공위성과 발사체 제작에 대한 수요가 늘어난 것과 함께 지상국, 우주 상황 인식 SSA, 우주보험처럼 위성 발사와 연관된 각종 서비스에 대한 수요가 커진 결과다.

## 세계 발사체 시장의 현황

2020년에는 우주발사체를 총 114회 발사했다. 전년도인 2019년보다 17.9% 늘어난 수치다. 이 가운데 104회가 성공하여 약 91%의 성공률을 기록했다. 정부가 소유하지 않은 탑재물을 실은 발사는 38회 이루어졌는데, 2019년 27회 발사한 것보다 40.7% 증가한 수치다. 그중 발사에 실패한 사례는 5건이다. 2020년 발사 서비스 시장의 총매출은 2019년보다 14.2% 증가한 90억 2,000만 달러(10조 5,000억 원)로 추정된다. 이러한 성장은 상업용 발사가 많아졌기 때문이라고 볼 수도 있지만 상업용 발사 매출은 전체 매출의 22.4% 정도다. 세계 발사체 시장의 매출 대부분은 여전히 정부와 군을 비롯한 공공 영역이 추진하는 발사에서 발생하고 있다.

# 스페이스X의 스타링크 위성

2020년 상업적 목적의 발사를 가장 많이 한 나라는 미국이었다. 1년간 총 44번의 발사를 진행했고 이 가운데 40회가 성공했다. 그중 25회는 스페이스X가 추진했다. 우주인터넷 서비스를 제공하는 저궤도 통신위성 스타링크를 쏘아 올리기 위해서였다. 중국도 8번의 상업용 발사를 했고 이 가운데 7번 성공했다. 2021년 상반기 1~6월에는 전 세계에서 발사체가 61회 발사되었다. 2020년 상반기의 45회와 2019년의 41회보다 훨씬 많아졌다.

2020년 한 해에만 1,230개의 인공위성이 궤도에 올랐다. 2019년

© 스페이스X

🌑 스페이스X의 스타링크 위성들

의 467개보다 무려 184%나 급증한 수치다. 발사된 인공위성의 89%인 1,098개는 상업용 인공위성이고, 이 중 832개는 스페이스X의 저궤도 통신위성 스타링크 위성이다. 상업용 인공위성 제작에 따른 매출은 160억 달러로, 2019년의 49억 달러에서 3배 이상 증가했다. 따라서 현재의 우주발사체 시장은 일론 머스크가 만든 스페이스X가 주도한다고 볼 수 있다.

## 재사용 발사체

많은 나라가 인공위성을 우주로 보내는 데 결정적인 변수는 발사 비용이다. 위성체 개발 예산만큼의 비용을 발사 비용으로 투입해야 하기 때문이다. 모든 운송 수단의 성능은 얼마나 많은 인력과 화물을 얼마나 빨리 원하는 지점에 실어 나를 수 있느냐가 좌우한다. 더 많은 인력과 화물을 더 낮은 비용으로 보내기 위해 몇몇 국가는 치열한 우주 경쟁을 벌였다.

이제 인류의 우주기술은 달 기지 건설과 화성 유인 탐사까지 고려하는 수준에 도달했지만, 여전히 발사 비용은 큰 부담이다. 현재 중대형 로켓의 경우 1kg당 2,000만 원의 비용이 든다. 미국의 우주발사체 아틀라스 5는 1회 발사 비용이 2015년 기준 1억 6,000만 달러였다. 탑재 중량이 8.1t이므로 무게를 단순히 환산하면 1kg의 화물을 우주로 보내는 데 약 2,170만 원이 필요하다. 프랑스 아리아스페이스의 아리안 5 로켓은 1회 발사 비용이 1억 6,000만 달러, 최대 탑재 중량은 9.6t이다. 무게로 환산하면 1kg당 1,840만 원 정도다. 무게가 100kg인 우리나라 과학위성을 발사하려면 20억 원 정도의 예산이 필요하다.

이 우주발사체 시장에 혜성처럼 등장한 것이 바로 스페이스X다. 로켓 재활용 기술 등 혁신적인 기술을 적용한 대형 발사체 팰컨 9는 1회당 발사 비용을 6,100만 달러로 줄였다. 비용은 줄이고 탑재 화물 중량은 크게 늘려 가격 경쟁력을 극대화하는 방식으로 발사체 서비스 시장 경쟁에 불을 붙인 것이다. 지난 2015년 12월 소형위성 11개를 탑재한 팰컨 9를 발사한 스페이스X는 세계 최초로 1단 로켓을 회수하는 데 성공했다. 세 번째 도전 만에 발사 11분 후 1단 로켓이 지상에 수직으로 착륙했다. 그동안 인공위성을 싣고 우주로 날아간 발사체는 사용한 단들을 일정 고도에서 차례대로 분리하여 바다에 버렸다. 이 단들을 지구로 착륙시켜 재활용하면 발사 비용을 획기적으로 줄일 수 있다. 스페이스X의 일론 머스크는 1단 로켓을 회수하는 스페이스X의 기술이 완숙기에 접어들면 발사 비용을 1회당 600만 달러(70억 원)까지 줄일 수 있으며, 이는 2~3년 안에 실현될 것이라고 밝혔다. 그렇게 된다면 발사 비용이 현재의 10분의 1로 줄어드는 셈이다.

최근 우주시장을 두고 스페이스X와 자존심 경쟁을 벌이고 있는 민간 우주기업 블루 오리진도 뉴셰퍼드 로켓을 100km 상공까지 쏘아 올렸다가 수직으로 재착륙시키면서 주목을 받았다.

# 소형 우주발사체가 필요한 이유

최근 소형위성에 대한 수요가 급증함에 따라 소형 우주발사체의 필요성도 커지고 있다. 소형위성은 중대형위성보다 작고 가벼우므로 제작 비용이 저렴해서 우주산업의 '게임 체인저'가 되었다.

소형위성의 평균 무게는 공교롭게도 시간이 지날수록 증가하고 있다. 소형 우주발사체 개발 회사들은 시장의 요구에 따라 로켓의 규모를 키우고 추진력을 높이는 방향으로 제원을 개선하고 있다. 중량 500kg 이하급인 소형위성의 평균 무게는 2014년 47kg에서 2016년 76kg, 2019년 128kg으로 꾸준히 증가했고, 2020년에는 221kg을 기록했다. 이 추세는 크기는 작지만 고성능 위성을 찾는 시장의 수요가 반영된 결과다. 인공위성의 성능을 높이기 위해서는 더 많은 장비와 연료를 넣어야 하므로 당연히 무게가 증가할 수밖에 없다.

위성 사업자들은 소형위성을 여러 대의 위성으로 구성하여 군집constellation 형태로 운영하는 경우가 많다. 따라서 위성 사업자들은 한 번 발사할 때 소수의 위성만 쏘아 올릴 수 있는 소형 발사체보다 대형 발사체를 선호한다. 소형 발사체 회사들은 이런 환경 변화에 대응하기 위해 발사체 크기와 추력을 늘리고 있지만, 애초에 체급이 다른 대형 발사체와 경쟁하는 데는 한계가 있다. 소형 발사체의 시장 내 위치가 애매해지고 있는 것이다.

많은 전문가가 대형위성군 구축과 관련하여 대형 발사체의 점유율이 계속 높아질 것으로 전망하고 있다. 그렇지만 위성 군집에서 일부 위성이 궤도를 이탈하거나 고장 나면 새것으로 교체해야 하기 때문에 소수의 소형위성을 빨리 발사해야 하는 경우 소형 발사체를 이용할 가능성은 여전히 높다. 또한 저궤도로 발사하는 소형 과학위성과 기술 검증용 실험위성, 크기가 작은 위성군을 구축하는 분야에서는 소형 발사체에 대한 수요가 꾸준할 듯하다.

## 가장 거대한 로켓

인류가 지금까지 만든 로켓 중 가장 큰 것은 앞에서 언급한 새턴 5다. 높이가 111m, 1단 로켓의 직경이 10m 정도이며, 전체 무게는 2,941t이나 되는 거대 로켓이다. 약 50년 전인 1969년에 3명의 우주인(닐 암스트롱, 마이클 콜린스, 버즈 올드린)이 이 로켓을 이용하여 달에 갔다.

아폴로 우주선은 미국이 달 탐험을 위해 1960년대 후반에 개발했다. 사령선과 기계선, 착륙선으로 구성된 아폴로 우주선을 달에 보내기 위해 사용된 로켓의 부품은 무려 650만 개였다. 로켓의 심장은 역시 엔진이다. 새턴 5의 1단 로켓에는 대형 엔진 5개가 설치되었고, 2단 로켓에는 5개, 3단 로켓에는 1개가 있었다. 1단과 2단 사이에 있는 작은 로켓들은 12개였다. 1단과 2단 로켓이 분리될 때 단 사이에 있는 작은 로

켓들은 서로 반대 방향으로 작동하여 1단과 2단을 분리시킨다. 전체적
으로 새턴 5형 로켓에는 15종류의 엔진이 91개 달려 있었다.

로켓 제작 비용에서 엔진이 차지하는 비중은 80% 정도나 된다. 따
라서 로켓이 가격 경쟁력이 있으려면 얼마나 경쟁력 높은 엔진을 개발
하느냐가 관건이다. 새로운 우주발사체를 개발할 때도 중요한 문제는
어떻게 하면 가격 경쟁력이 있는 로켓을 만드느냐.

©NASA
1969년 7월 16일 케네디우주센터에서 발사되는 새턴 5 로켓

# 달 착륙에 필요한 로켓

로켓은 우주선이 지구를 떠날 때뿐만 아니라 달에 도착할 때도 필요하다. 우주선이 달에 착륙하고 이륙할 때 모두 추력을 조절할 수 있는 로켓이 필요하다. 달 착륙선 하부에는 착륙할 때 속력을 줄여서 가볍게 착지하기 위해 사용하는 역분사용 로켓 엔진이 있다. 또한 착륙할 때의 충격을 흡수하는 완충 장치가 달린 4개의 다리는 발사할 때는 반 정도 접혀 있지만, 달에 착륙할 때는 활짝 펴진다.

©NASA

아폴로 11호의 달 착륙선 이글.
등을 보이고 서 있는 우주 비행사는 버즈 올드린이다.

아폴로 11호 달 착륙선의 이름은 독수리를 의미하는 '이글Eagle'이었다. 달에 착륙한 후 닐 암스트롱이 남긴 말은 지금도 많은 사람이 기억하고 있다.

"휴스턴, 이쪽 고요의 기지, 이글은 착륙했다. Houston, Tranquility Base here. The Eagle has landed."

## 화성 착륙에 필요한 로켓

만약 화성에 우주선을 착륙시키고자 한다면, 달에 갈 때보다 훨씬 많은 주의를 기울여야 한다. 화성 표면에 얼마나 무거운 물체를 착륙시키느냐에 따라 착륙 방법이 달라진다.

화성 대기권에 진입하는 화성 착륙선은 일단 초기 감속을 위해 초음속 낙하산을 펼치고, 몸체에 붙어 있던 열 차폐재를 분리한다. 하강 단에서 착륙선이 풀려 내려오면 착륙선 전체를 에어백으로 감싸야 한다. 이후 역추진 로켓을 작동시켜 속도를 더 줄이고 하강 단에서 착륙선을 완전히 분리한다. 화성 표면에 닿은 착륙선은 에어백에 싸여 있기 때문에 땅에서 통통 튕기다가 정지한다. 완전히 멈추면 에어백이 터지고, 착륙선 문이 열리면 로버가 바깥으로 나와서 이동할 수 있다. 오퍼튜니티와 스피릿을 '뽁뽁이' 같은 포장재로 싸서 화성에 떨어뜨린 셈이다. 화성 탐사 로버 오퍼튜니티와 스피릿의 무게는 185kg 정도였다.

무게가 대략 899kg인 큐리오시티 같은 로버는 에어백으로 보호하기 힘들다. 그래서 처음에 낙하산을 펼쳐 속도를 줄이고, 열 차폐재를 분리해서 버린 다음 낙하산을 끊고 역추진 로켓으로 로버를 공중에 띄운 후 스카이 크레인으로 안전하게 땅에 내려놓는 방식을 사용했다. 이후 스카이 크레인은 로버가 착륙한 장소에서 멀리 떨어진 곳으로 이동하여 추락하도록 했다. 즉, 로버가 로켓에 매달려 있는 상태로 화성에 내려놓는 방식이다.

착륙할 때 가장 중요한 점은 짧은 시간 안에 로버의 속력을 엄청나게 줄여야 한다는 것이다. 역추진 로켓으로 속도를 줄이는 방법이 확실하긴 하지만 연료가 많이 소모된다. 엔진을 사용하려면 연료가 필요하고, 연료가 많아지면 지구에서 출발하는 발사체가 무거워진다. 그래서 에어로브레이킹 방법을 사용하기도 한다. 이 방법은 대기 마찰을 이용하여 우주선의 속력을 늦춘다. 먼저 엔진을 사용하여 무척 큰 타원궤도로 화성 대기 근처까지 간다. 그다음엔 조금씩 화성 대기에 들어갔다가 나오면서 점점 속력을 줄인다. 타원궤도를 원궤도로 만들면서 착륙하기 좋은 화성 저궤도에 이를 때까지 움직이는 방법이다. 또는 에어로캡처라는 방법을 사용할 수도 있다. 화성에 다가가기 전까지 전혀 감속하지 않다가 화성 대기에 깊이 들어가면서 속력을 한 번에 줄이는 방법이다.

큐리오시티는 궤도를 거치지 않고 바로 화성 착륙을 시도했기 때문에 감속 시간이 무척 부족한 것이 큰 문제였다. 큐리오시티를 감속시킬 수 있는 것은 우주와 화성 표면 사이에 있는 화성의 얇은 공기층뿐

◐ 화성 탐사 로버 큐리오시티가 스스로 촬영한 사진

이었다. 만약 사람이 탑승한 유인 우주선이었다면 큐리오시티처럼 착
륙하지 못했을 것이다. 사람이 타고 있다면 안전을 위해 역추진 로켓을
사용하는 것이 가장 좋다.

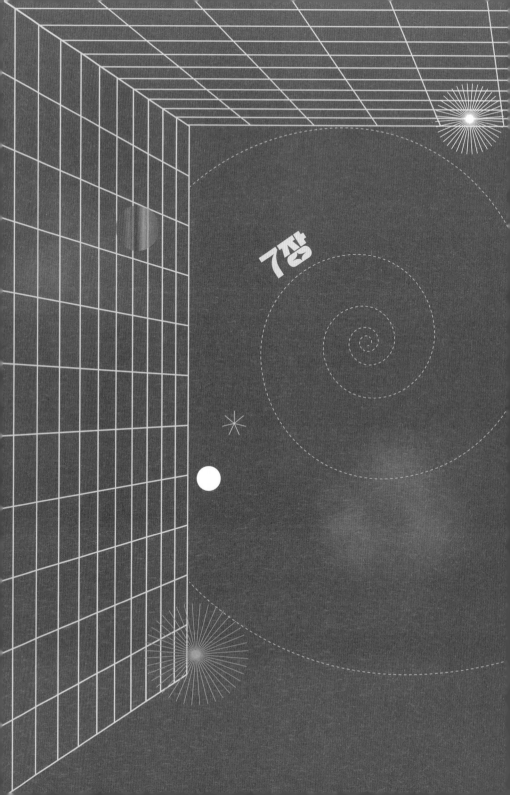

7장

인공위성과 지상국

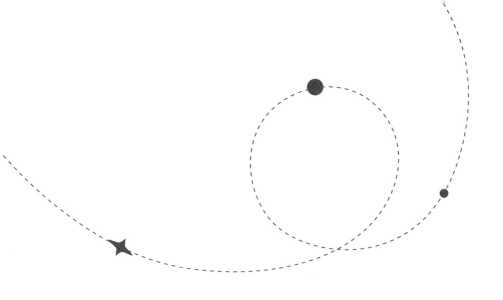

인공위성을 만들고 우주로 발사했다고 해서 모든 일이 끝난 것은 아니다. 사실 인공위성의 가장 중요한 임무는 지금부터가 시작이다. 많은 사람이 오랫동안 공들여 만들고 우주로 보낸 인공위성들이 임무 수행에 실패하는 가장 큰 원인이 되는 마지막 고비가 남아 있다. 바로 인공위성과 지상의 통신이다.

## 우주와의 통신

2003년 9월 27일, 내가 만든 첫 번째 인공위성인 과학기술위성 1호가 러시아 플레세츠크 우주센터에서 러시아의 코스모스 로켓에 실려 발사되었다. 과학기술위성 1호는 무게 106kg인 소형위성이지만 제작에만 116억 9,000만 원이 들었다. 임무가 성공한다면 하루에 14회씩 지구 주위를 돌면서 2년 동안 오로라와 우주 환경을 관측할 예정이었다. 그런데 발사에 성공한 후 56시간 동안 11차례나 교신을 시도했지만, 통신이 연결되지 않았다. 인공위성을 만든 과학자들에게는 정말 피를 말리는 듯한 시간이었다. 만약 끝까지 통신이 연결되지 않는다면 내가 만든 인공위성은 우주의 미아로 떠돌게 되고, 위성의 임무는 실패로 끝나는 것이었다. 통신이 연결되지 않으면 위성이 어디에 있는지 확인할 수 없으니 그야말로 할 수 있는 일이 아무것도 없다. 수많은 사람이 오랜 시간 고생한 보람도 없이 말이다. 그만큼 통신 연결은 중요하다.

발사 이후 통신 연결에 계속 실패하고 임무 실패 가능성이 점점 높아지면서 위성이 원래 목표한 지구 저궤도에 제대로 안착했는지조차 의심을 받았다. 과학기술부와 한국항공우주연구원, 인공위성연구센터의 연구원들로 구성된 지상의 관제 팀은 밤낮없이 자리를 지키면서 통신이 연결될 때까지 할 수 있는 모든 노력을 다했다. 인공위성연구센터 1층에 마련된 지상국에서는 계속해서 위성과의 통신 연결을 시도했다. 그러다가 9월 29일 밤 11시 24분경 드디어 우리의 과학기술위성 1호로부터 신호를 받았다.

# 지상국은 어떻게 구성할까

일반적으로 지상국은 통신 설비, 케이블 설비, 전원 설비, 건물 설비로 구성된다. 통신 설비는 안테나 자체와 안테나 뒷단에서 송신하는 신호를 증폭하는 송신 증폭 서브시스템, 수신하는 신호를 증폭하는 수신 증폭 서브시스템, 위성과의 통신을 연결하는 지상 통신 장비Ground Communication Equipment, GCE, 컴퓨터에 해당하는 단국Terminal Equipment, TE 서브시스템, 통신 상태 전반을 관리하는 통신 관제 서브시스템 등으로 나뉜다.

대한민국 위성 개발의 역사는 1992년 우리별 1호를 시작으로 무궁화, 아리랑으로 이어졌다. 위성 개발 초기에는 자체적으로 지상국을 운영할 여력이 없어서 해외 지상국의 도움을 받아 위성을 운영했다. 이후 우리나라는 아리랑 1호를 관제하기 위해 1998년 한국항공우주연구원 지상국을 완공했고, 하루에 3~5회 아리랑과 교신하고 있다. 2005년 2월 남극 대륙에 설치한 무인 지상국은 대전에 있는 지상국에서 원격으로 제어하고 있다.

현재 우리나라가 많이 운영하고 있는 저궤도 위성은 발사 이후 초기에 많은 운영 시간이 필요하고, 한 지상국에서 교신할 수 있는 시간이 최대 15분 정도로 짧다. 이를 극복하기 위해서는 반드시 세계 여러 나라 지상국과 협력해야 한다.

# 우리나라의 지상국 개발

우리나라 지상국 시스템 개발의 역사는 위성 개발의 역사와 궤도를 함께한다. 우리나라는 첨단 기술을 육성하기 위해 1980년대 말부터 우주개발 계획을 수립하기 시작했다. 그리고 1990년대에 접어들면서 국가 우주개발 중장기 계획을 바탕으로 본격적인 우주개발에 나섰다.

1992년에는 인공위성연구센터에서 만든 우리별 1호를 발사함으로써 세계에서 25번째 인공위성 보유국이 되었다. 우리별 1호를 운영하기 위해 인공위성연구센터 연구원들이 영국 서리대학교의 기술 지원을 받아 우리나라 최초의 지상국 시스템을 개발했다. 지상국은 인공위성연구센터에 최초로 설치, 운영되었다.

1995년 우리나라는 최초의 상업용 위성인 방송통신위성(무궁화) 1호를 발사했다. 이 위성은 적도 상공 정지궤도에서 방송용 중계기 3개와 통신용 중계기 12개로 위성방송과 통신에 필요한 전파를 송수신함으로써 인공위성 상용 활용 시대를 열었다. 중계기는 신호를 받아 재전송하여 신호가 더 먼 거리까지 다다를 수 있도록 도와주는 장비다. 이 위성의 지상국 시스템은 미국 GE 애스트로스페이스사가 제작했고, 지상국은 용인과 대전에 설치해 운영했다.

이후 우리나라는 정지궤도에서 운영하는 통신해양기상위성(천리안)을 발사했다. 방송통신위성 시리즈를 개발할 때는 지상국 시스템을 해외 업체에서 통째로 구매했지만, 통신해양기상위성 지상국 시스템은 한국항공우주연구원과 한국전자통신연구원이 프랑스 EADS 아스트리움사의 기술 지원을 받아 개발했다. 이 시스템은 2010년부터 한국항공우주연구원이 운영하고 있다.

인공위성 시스템을 독자적으로 개발하는 능력을 키우고 인공위성 관련 기술을 확보하기 위해 정부와 연구계가 합심하여 만든 다목적 실용위성(아리랑) 1호는 1999년 미국 반덴버그 공군기지에서 토러스 로켓에 실어 발사했다. 다목적 실용위성 1호는 미국 TRW사와 한국항공우주연구원이 주도하고 국내 연구계와 산업계가 참여하여 만들었다. 지상국 시스템은 한국항공우주연구원과 한국전자통신연구원이 TRW사

다목적 실용위성(아리랑) 3호를 탑재하고 발사되는 H-IIA 로켓(왼쪽)
다목적 실용위성(아리랑) 3호 발사를 지켜보고 있는
한국항공우주연구원 관제 팀(오른쪽)

의 기술 지원을 받아 개발했고, 지상국은 한국항공우주연구원에 설치해 운영했다.

우리나라는 우리별 1호, 방송통신위성 1호, 다목적 실용위성 1호의 성공을 바탕으로 후속 위성을 계속 개발하고 있다. 이 위성들을 위한 지상국 시스템도 지속적으로 개발, 운영하고 있다. 과학위성인 우리별 1호 지상국 시스템, 정지궤도 위성인 통신해양기상위성 지상국 시스템 및 저궤도 위성인 다목적 실용위성 1호 지상국 시스템을 개발할 때는 해외 기술 협력 등이 필요했지만, 이후에는 국내 독자 기술로 개발했다. 지상국 시스템을 개발하는 데 필수적인 소프트웨어 등의 IT 기술과 안테나 등의 하드웨어 기술 수준이 무척 높아졌기 때문이다.

## 안테나의 원리

지상국의 장비들 중 핵심은 안테나다. 안테나 서브시스템은 위성을 추적하는 한편, 위성이 보내는 신호와 위성에 보낼 신호의 손실을 가능한 한 줄여줘야 한다. 보통 주반사경과 부반사경으로 이루어진 카세그레인 안테나Cassegrain antenna, 전원 공급 장치, 구동 장치, 각도 장치, 추적 장치 등으로 구성된다.

주반사경은 여러 개의 반사경 중 반지름이 가장 크고, 부반사경은 반지름이 상대적으로 작다. 반사경 안테나의 일종인 카세그레인 안테나

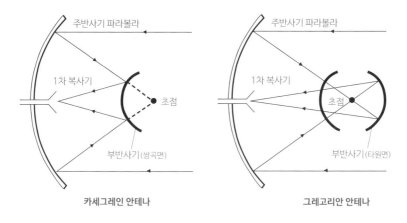

주반사기 파라볼라

1차 복사기

초점

부반사기(쌍곡면)

**카세그레인 안테나**

주반사기 파라볼라

1차 복사기

초점

부반사기(타원면)

**그레고리안 안테나**

카세그레인 안테나와 그레고리안 안테나의 원리

는 카세그레인 망원경의 원리를 이용한 안테나다. 원리는 반사기로부터의 전파를 먼저 회전 쌍곡면 모양의 부반사경에 보내고 그 반사파를 주반사경(회전 포물선형 면)에 조사하는 것이다. 카세그레인 안테나의 장점은 1차 복사기로 들어오는 전파 대부분이 앞 방향으로 다시 복사되기 때문에 뒤쪽이나 측면으로 손실되는 신호가 적고, 1차 복사기까지 전파가 전달되는 경로의 길이를 짧게 할 수 있다는 것이다. 위성통신에서는 지상국이 수신하는 전파가 무척 미약하므로, 수신 안테나의 측면이나 뒤쪽에서 영향을 미치는 지상의 전파방해나 열적 잡음을 최소화해야 한다. 이런 이유로 카세그레인 안테나가 위성통신의 지상국 안테나로 널리 사용되고 있다. 위성통신용 지상국 안테나는 4,000MHz의 주파수를 사용할 경우 보통 주반사기의 지름이 20~30m가 되어야 한다.

# 한국천문연구원의 지상국 안테나

위성을 개발하고 자체적으로 운영하려면 먼저 지상국 시스템을 갖춰야 한다. 한국천문연구원도 위성을 개발하기 시작하면서 지상국 시스템을 구축했다. 탑재체만 개발하고 위성 본체 팀에 탑재체를 납품만 하던 시절에는 안테나가 필요 없었다. 하지만 위성 전체를 기획하고 운영할 요량이라면 반드시 안테나와 지상국을 갖추어야 한다.

한국천문연구원 본원 옥상에 있는 S 밴드 위성추적 안테나는 한국천문연구원-나사 협력 사업의 일환으로 밴 앨런 프로브의 지구방사선대 관측 자료를 수신하기 위해 구축했다. 2012년 당시에는 한국천문연구원에 위성 자체를 만드는 팀이 없었기 때문에 위성 수신 안테나가 없어서 안테나와 지상국 시스템을 새로 만들어야 했다.

밴 앨런 프로브 지상국 안테나 시스템은 지름이 7m고, S 밴드 주파수 대역의 위성 신호를 수신할 수 있으며, 자동으로 위성의 위치를 추적할 수 있다. 과학위성의 자료를 송수신하는 데 많이 쓰이는 S 밴드는 2~4GHz의 UHF, SHF 주파수 대역을 가리킨다. 레이더에서 주로 사용한다.

2012년 미국이 발사한 밴 앨런 프로브는 고도 600km에서 3만km의 지구방사선대의 물리량을 측정하는 우주 환경 전용 관측위성이다. 보통의 과학관측위성은 관측 자료를 위성 본체에 탑재된 내장 메모리

●한국천문연구원에 설치된 S 밴드 수신 안테나

| 주요 사양 | |
|---|---|
| 안테나 형식 | 요크 & 타워Yoke & Tower |
| 주반사기 직경 | 7m |
| 수신 주파수 | 2.2~2.3Ghz(S 밴드) |
| 안테나 구동 속도 | 5°/sec |
| 추적 방식 | 모노펄스 트랙Monopulse Track |
| 지향 정밀도 | 0.1°rms |
| 추적 정밀도 | 0.05°rms |
| 이득 대 잡음 온도비G/T | 16.12dB/K(45°K LNA) at 20° EL |
| 제조사 | ㈜하이게인 안테나 |

●한국천문연구원에 설치한 밴 앨런 프로브 S 밴드 안테나의 주요 사양

에 일시적으로 저장했다가 지상국과 교신할 수 있는 궤도와 위치에 도착하면 보낸다. 하지만 밴 앨런 프로브는 관측 자료를 실시간으로 지구로 보내 급작스런 우주 환경 변화에 대응할 수 있도록 설계되었다.

밴 앨런 프로브의 자료를 수신하기 위해 우리나라를 포함한 세계 여러 곳에 수신국을 설치했다. 우리가 만든 안테나로 수신한 위성의 자료는 우리 지상국 시스템을 거쳐 미국 존스홉킨스대학교의 응용물리연구소JHU APL에 실시간으로 보내졌다. 이곳은 수신한 자료들을 종합하고 처리하여 통합 데이터베이스를 만든 후 일반인이 사용할 수 있도록 전 세계에 배포했다.

한국천문연구원-나사 협력 사업의 장점은 우주 환경 관측 자료를 한국천문연구원이 1차적으로 실시간 확보할 수 있다는 것이었다. 따라서 태양에서 급격한 변화가 발생할 때 지구 자기권에 미치는 영향 및 지구방사선대를 누구보다 먼저 연구하고 우주 환경 예보에 활용할 수 있었다. 특히 위성 자료가 국내 위성이 상주하고 있는 정지궤도의 우주 환경 정보를 신속하게 제공했기 때문에 우리나라가 위성들을 안정적으로 운용하는 데도 기여했다.

전 세계의 우주과학자들도 이 자료를 활용하여 지구방사선대와 지구 자기권에서 일어나는 모든 물리적 현상들을 자유롭게 연구할 수 있었다. 연구 자료를 분석할 때는 날짜나 시간의 공백 없이 안정적인 자료가 매우 중요하기 때문에, 지상국은 많으면 많을수록 좋다. 밴 앨런 프로브 같은 과학위성의 경우 지상국을 운영하는 여러 나라의 연구

소나 대학에서 국제 협력을 통해 함께 자료를 수신해주는 경우도 많다.

한편 한국천문연구원은 2023년 초 발사할 예정인 4기의 도요샛 위성과 지상국의 통신을 위해 UHF와 S 밴드 대역을 송수신할 수 있는 1.2m 안테나를 본원 옥상에 설치했다. 기존의 7m 수신 안테나는 S 밴드 대역을 송신할 수 있도록 업그레이드하여 1.2m 안테나와 함께 명령을 전달하고 관측 자료를 수신하는 데 활용할 예정이다.

## 다중 위성 관제 시스템이 필요한 이유

우리나라가 위성을 관제하는 시스템의 운영 체계를 갖추자 이제 단일 위성이 아니라 여러 위성을 동시에 운영해야 할 필요성이 생겼다. 위성의 수가 많아짐에 따라 관제 시스템을 효율적으로 개발하고 운영해야 했기 때문이다.

모든 위성에 적용되는 관제 시스템의 핵심 기능은 사실상 똑같다. 신규 위성이 이전 위성을 대체하면서 같은 임무를 수행한다면, 신규 관제 시스템은 이전 관제 시스템의 일부 기능 등을 변경하거나 추가하면 된다. 만약 해상도가 1m인 위성의 후속으로 해상도가 0.7m인 신규 위성을 개발한다면, 신규 관제 시스템은 이전의 관제 시스템과 매우 비슷하다. 반면 신규 위성의 임무나 기능이 이전 위성과 다르면 다를수록 신규 관제 시스템의 소프트웨어와 하드웨어를 많이 변경하거나 추가한다. 변경하거나 추가하는 요소가 매우 많으면 관제 시스템을 독립적으로 설치하는 것이 나을 수도 있다.

이러한 관점에서 관제 시스템의 재구성re-configure, 재사용re-use, 자동화automation에 대한 연구개발의 중요성이 커지고 있다. 현재 우리나라가 운영 중이거나 개발 중인 관제 시스템은 이러한 경험을 바탕으로 다중 위성을 운영할 수 있도록 하고 있다.

# 데이터 처리 시스템

위성을 힘들게 우주로 보내는 데에는 목적이 있다. 과학위성이라면 과학적 이론을 입증할 관측 자료를 확보하기 위해서고, 상용위성이라면 산업체에 꼭 필요한 정보가 있어서 우주에 보내는 것이다.

이렇게 지구나 우주를 관측하여 어렵게 확보한 자료를 위성이 우주에서 모두 처리할 수는 없다. 무게를 줄이기 위해 되도록 가볍고 효율적인 부품들을 사용하기 때문이다. 따라서 위성 본체에는 자료를 임시로 저장할 수 있는 저장고만 갖춘다. 위성의 자료를 우주에서 처리하려면 매우 성능 좋은 컴퓨터를 탑재해야 하고, 무게는 필연적으로 무거워지며, 개발 비용과 발사 비용은 급증한다.

위성은 지상국과의 교신이 가능해지면 우주에서 획득한 날것의 자료를 그대로 보낸다. 이렇게 방대한 분량의 1차 데이터를 처리하는 것이 바로 지상국의 데이터 처리 시스템이다. 위성 탑재체는 광학 센서, 고해상도 합성개구레이더 센서, 적외선 장비 센서, 기상 센서 및 해양 센서 등으로 매우 다양하다. 데이터 처리 시스템은 다양한 탑재체의 자료를 처리해야 하며, 처리한 자료의 정확도를 높이는 보정 기능도 갖추고 있어야 한다. 또한 고해상도 광학위성 등이 개발됨에 따라 자료 분량이 더욱 많아지므로 이를 감안한 고속 데이터 처리 기술을 갖춰야 한다. 그러므로 연구자들은 다양한 사용자가 서로 다른 탑재체 자료를 쉽게 사용할 수 있도록 표준화하는 등 상호 운영이 가능하도록 해주는 기술도 확보해야 한다.

# 뉴스페이스 시대의 전문 인력

우주개발 선진국들은 우리나라보다 30여 년이나 앞서서 위성을 개발하고 지상국 시스템을 운영해왔다. 이 나라들의 위성 운영 능력과 지상국 시스템 구축 경험을 비슷하게라도 따라가기 위해 가장 시급한 것은 전문 인력을 확보하고, 국가가 지원하는 지상국 시스템 인프라를 구축하는 것이다.

뉴스페이스 시대를 맞아 소형위성과 초소형위성 개발이 급증하고 있다. 이 위성들의 자료를 수신할 지상국 시스템도 당연히 기하급수적으로 늘고 있다. 지상국 시스템은 전문 인력이 운영해야 하므로, 새로운 지상국을 추가할 때는 반드시 인력 확보에 신경 써야 한다.

지상국 시스템 인프라의 핵심은 국내 및 전 세계에 지상 기지망을 구축하여 우리나라 위성과 통신하는 시간을 최대한 확보하는 것이다. 만약 지구 반대편의 안테나를 확보하면, 우리 위성이 우리나라 지상국 위를 지날 때뿐만 아니라 지구 반대편의 안테나 위를 지날 때도 통신할 수 있다. 당연히 다양한 대륙의 다양한 안테나를 확보하는 것이 통신에 유리하다. 미국은 나사를 중심으로 지상 기지망을 구축하고 전문 인력을 확보하여 저궤도 위성, 정지궤도 위성, 심우주 탐사 위성 등을 다양하게 운영하고 있다. 유럽의 우주 선진국들도 정부 주도로 지상 기지망과 전문 인력을 확보하고 국가기관 및 민간의 우주개발을 지원하고 있다. 우리나라도 국가 단위의 지상 기지망을 구축해야 한다. 지상국 시스템 인프라는 특정 부처, 기관, 기업만이 아니라 여러 부처, 기관, 기업이 모두 사용하도록 해야 하므로 국가적인 투자와 관리가 필요하다.

# 도요샛위성 프로젝트의 지상국 개발

2017년에 개발이 시작된 도요샛위성은 2023년 초에 발사될 예정이다. 위성 본체를 개발한 경험이 많은 한국항공우주연구원이 본체 개발을 맡고, 탑재체 개발 경험이 많은 한국천문연구원이 탑재체와 지상국 개발을 맡았다. 지상국과 관제 시설은 위성을 발사하기 전에 미리 완성해야 한다. 지상국 시스템은 한국천문연구원 본원 건물에 구축했으며, 2기의 위성 수신 안테나는 한국천문연구원 세종홀 옥상에 설치했다. 원래 밴 앨런 프로브 운용에 사용한 관제 장비들을 활용하여, 현재 세종홀 3층에 있는 우주 환경 감시실을 도요샛위성들의 임무 운영 센터로 이용할 예정이다.

한국천문연구원은 한국항공우주연구원이 조립과 우주 환경 시험을 마친 도요샛위성 비행 모델에 대한 기초적인 통신 시험을 1차로 수행했다. 위성의 비행 모델은 외부 오염을 방지할 수 있는 청정 환경을 유지해야 하므로 한국천문연구원 본원 건물 내 청정실에 두었다. 인공위성 비행 모델의 부품은 청정실에서만 개봉하고 작업할 수 있다. 그런

데 위성에 장착되는 GPS와 이리듐 통신 모듈의 위성통신은 실외에서
만 송수신할 수 있기 때문에 청정실에서도 위성 신호를 송수신할 수 있
도록 외부의 신호를 실내로 전달하는 장비가 필요했다.

연구진은 지상국과 통신 케이블을 연결하여 실제 위성 관제와 같
은 조건에서 교신 시험을 진행했다. 궤도와 비슷한 우주 환경을 만들기
위해 GPS와 이리듐 통신위성의 신호를 수신하는 장치를 청정실에 설
치하고, 태양전지 동작을 위해 강렬한 조명을 태양 대용으로 설치했다.

위성과 지상국 사이의 인터페이스를 지상에서 모의 시험하기 위
해 한국천문연구원 본원 옥상의 UHF 안테나 및 S 밴드 안테나와 통

신 케이블을 통해 연결하여 통신이 가능하다는 사실을 확인했다. UHF 는 극초단파에 해당하는 주파수 영역으로 300MHz~3GHz 대역을 가리킨다. 위성은 지상과 통신하기 위해 다양한 주파수 대역을 사용하는데, 도요샛위성은 명령을 전달할 때는 UHF 대역을 쓰고, 위성이 관측한 과학 자료를 수신할 때는 S 밴드 대역을 쓴다. 이를 위해 위성 발사 이후의 초기 운용 절차를 차례로 수행하면서 위성과 지상국의 접속 상태를 모니터링했다. 초기 운용 이후 진행되는 정상 운용 모드에 대한 인터페이스 시험도 수행하고, 정상 운용 모드에서 명령을 송신하고 자료를 수신한 시험 결과도 확인했다. 위성 배터리의 전압이 낮아지는 등 비상 상황이 발생하면 위성이 안전 모드Safe Mode로 바뀌었다가 정상 모드로 돌아오는지 확인하는 시험도 했다. 이처럼 다양한 상황에서 위성과 지상국이 정상적으로 통신할 수 있는지 확인했다.

기존 초소형위성들이 임무에 실패한 결정적인 원인들 대부분은 발사 이후 초기에 지상국과 통신하는 데 실패했기 때문이다. 이 불행한 상황을 미연에 방지하기 위해 도요샛위성은 위성들이 통신에 사용하는 UHF 송수신, S 밴드 송수신 외에 한 가지 방법을 백업으로 탑재하고 있다. 바로 이리듐 통신이다.

이리듐은 미국 모토로라사가 개발한 위성통신 프로젝트다. 780km의 저궤도에 발사한 66개의 위성으로 지구 어디에서나 휴대전화로 통화를 할 수 있는 통신 서비스다. 이리듐이라는 이름은 원소번호 77인 이리듐iridium에서 따온 것이다. 원래는 77개의 위성으로 계획되었

| | | |
|---|---|---|
| GPS 외부 안테나 | 이리듐 외부 송신 안테나 | 이리듐 외부 수신 안테나 |
| GPS 신호 증폭기 | 이리듐 외부 모뎀 | 이리듐 내부 모뎀 |
| GPS 내부 안테나 | 이리듐 내부 송신 안테나 | 이리듐 내부 수신 안테나 |

실내에서 GPS와 이리듐 통신위성 신호를 수신하는 장비

는데, 66개의 위성으로 수정되었다. 이제 휴대전화 통신 요금을 지불하기만 하면, 도요샛위성들이 이리듐 위성들을 중계기로 사용하여 지상에 있는 내 휴대전화로 생존 신호를 보낼 수도 있을 것이다. 물론 데이터 용량의 한계 때문에 과학 자료를 전송하기는 어렵겠지만, 최소한 어디에 있는지 정도는 확인할 수 있다. 이렇게 제3의 백업 통신까지 사용해야 하는 일이 발생하지 않으면 좋겠지만, 과학자들은 항상 최악의 경우를 대비하는 습성이 있다.

# 심우주 지상국

우리나라는 2022년 8월 최초의 한국형 달 궤도선 다누리<sup>KLPO</sup> 발사에 성공했다. 이제 우리나라의 우주가 저궤도, 정지궤도를 넘어 달까지 확장된 것이다. 멀리 가는 인공위성에는 더 큰 안테나 시스템이 필요하다. 즉, 심우주 탐사를 하려면 심우주 지상국이 필요하다. 달 탐사선은 달 궤도에 안착하기 위해 38만km를 날아간다. 이 탐사선과 통신하기 위해 이전과는 다른 지상국이 필요해졌다. 그래서 우리나라는 최초의 심우주 지상국을 경기도 여주에 설치했다. 이곳은 직경 35m의 심우주 안테나 반사판과 출력 1kW의 X 밴드 안테나를 갖추고 있다. X 밴드는 8~12GHz 주파수 대역을 뜻한다.

현재 나사는 지구에서 가장 멀리 나가 있는 보이저위성들과 통신하기 위해 딥스페이스 네트워크(심우주통신망)<sup>Deep Space Network, DSN</sup>를 사용한다. DSN의 안테나들은 미국 캘리포니아, 스페인 마드리드, 오스트레일리아 캔버라에 있고, 24시간 동안 지구의 모든 방향으로 통신할 수 있다. DSN 운영은 미국 캘리포니아의 제트추진연구소<sup>JPL</sup>가 맡고 있다. 세 곳의 안테나 사이트에는 각각 34m, 26m, 70m 안테나가 포진해 있다. 이 거대한 안테나 네트워크 덕분에 태양계 어디에서든 통신이 가능한 것이다. 먼 미래에 인류가 알파 센타우리 같은 별에 탐사선을 보내게 된다면 통신 문제에 대해 더 진지하게 고민해야 할 것이다.

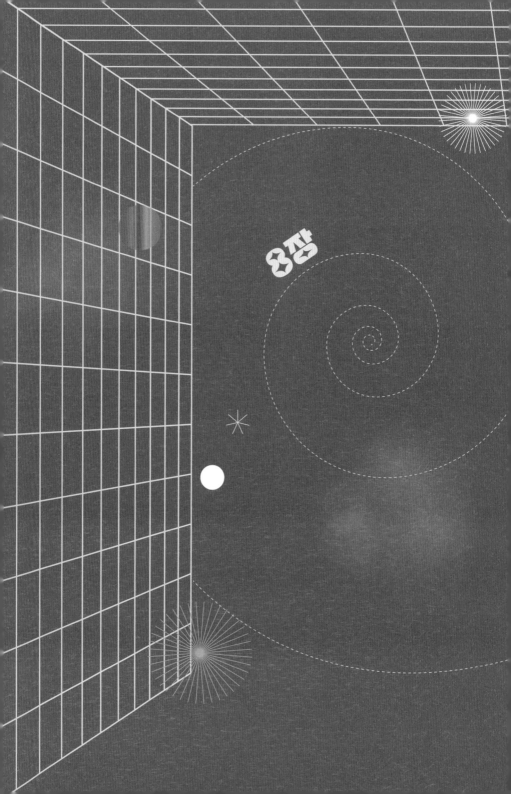

우리는 왜 우주로

가야 할까

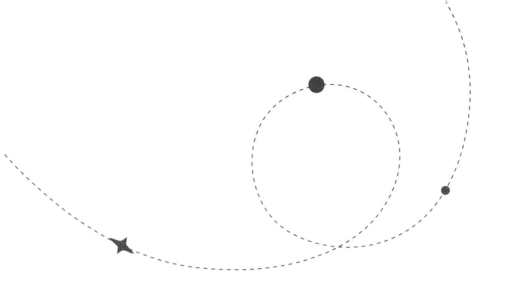

우리나라의 우주개발 역사는 2022년을 기점으로 새로운 임계 국면을 맞이했다. 2022년 6월 21일 우리나라 기술로 처음부터 끝까지 개발한 한국형 발사체 누리호가 완벽하게 발사에 성공했다. 이로써 우리나라는 자국 땅에서, 자국 인공위성을, 자국 발사체로 우주에 보낼 수 있는 '우주 주권'을 가진 세계에서 일곱 번째 국가가 되었다.

우리나라의 우주개발 역사는 1986년 한국전자통신연구원 부설로 만들어진 천문우주과학연구소에서 시작했다. 1989년에 항공 우주개발을 전담하는 한국항공우주연구소를 설립했고, 1992년에 우리나라 최초의 인공위성 우리별 1호 발사에 성공하면서 본격적인 우주개발을 시작했다. 우주개발 선진국들에 비하면 30여 년이나 늦은 출발이다. 이처럼 늦게 시작했음에도 불구하고 우리나라의 인공위성 개발 수준은 우주 선진국에 필적하는 수준까지 도달했다. 하지만 발사체는 정치적 이유 때문에 늦게 개발하기 시작했고 그 과정에서 제약이 너무 많았기 때문에 우주 선진국에 한참 뒤지는 수준이다.

##  한미 미사일 지침 해제의 의미

2021년이 우리나라 우주개발 역사에서 중요한 이유 중 하나는 바로 한미 미사일 지침이 폐기되었기 때문이다. 2021년 5월 21일 한미 정상회담 결과, 42년간 이어진 한미 미사일 지침이 완전히 종료되었다. 1979년 10월 한국과 미국은 미국이 미사일 기술을 이전해주는 대가로 한국이 개발하는 미사일의 사거리와 탄두 중량을 제한하는 데 합의했다. 탄두 중량과 거리를 제한한 이유는 우리나라의 국방력이 강해지는 것을 미국이 원하지 않은 까닭이 크다. 그런데 한미 정상회담에서 미사일 지침 해제를 전격 발표한 것이다. 이로써 한국의 미사일 개발을 가로막고 있던 사거리 제한과 탄두 중량 제한, 고체연료 사용 제한이 사라졌다. 그동안 우리나라는 족쇄나 다름없는 지침 때문에 고체연료 로켓을 자유롭게 연구개발하지 못했다. 기술적으로 훨씬 까다로운 액체연료 로켓만 개발해야 했기에 발전이 더디기만 했다. 하지만 이제는 발사체 개발이 자유로워진 것이다.

앞에서도 언급했듯이 고체연료를 사용하는 로켓은 원리가 미사일과 똑같다. 로켓의 위쪽 단에 인공위성을 올리면 우주발사체가 되지만, 탄두를 올리면 대륙간탄도미사일이 된다. 이제 한국은 공중과 해상에서 위성을 쏠 수 있는 발사체도 개발할 수 있다. 고체 발사체는 많은 부대 장비가 필요한 액체 발사체와 달리 간단한 이동형 발사체로도 제작할 수 있다.

앞으로 소형위성과 초소형위성 개발이 위성 개발의 주를 이룰 듯한데, 독자적인 발사 능력을 확보한다는 것은 매우 중요한 일이다. 우리나라에서는 국방 안보 목적으로 정찰위성을 발사하기 위해 고체연료를 활용하는 발사체 사업이 성장할 듯하다. 고체 발사체 기술, 액체 발사체 기술, 하이브리드 발사체 기술을 민간 기업에서도 자유롭게 개발하면, 민간 기업도 발사체 시장에 진출할 수 있을 것이다. 한국의 방위 능력도 크게 향상될 것이다. 주권국가로서 지극히 당연한 자주국방의 권리를 이제라도 겨우 되찾은 만큼 우주개발 외에 정치, 사회, 역사적으로도 의미가 크다.

한국의 미사일 사거리 제한 해제는 최근 급변하는 우리나라 주변 국들의 정치적 변화를 미국이 고려했기 때문인 듯하다. 한국의 미사일 개발 능력이 향상되면 북한과 중국도 한국을 함부로 대할 수 없게 된다. 즉, 동북아시아의 힘의 균형을 고려하여 미국이 미사일 지침 해제를 전격 결정했다고 볼 수 있다. 미국이 순수하게 한국의 우주개발을 지원하기 위해 미사일 지침을 해제하지는 않았을 것이다. 2021년, 중국의 탐사선 톈원天問이 화성에 도착하고 로버 주룽祝融이 착륙하면서 미국과 중국의 우주 경쟁이 본격적으로 점화했다. 중국은 독자적 우주정거장 톈궁天宮도 일정에 맞춰 순조롭게 개발하고 있다. 이처럼 미국을 위협하는 중국의 우주굴기에 대응하는 방안으로 한국의 미사일 지침 해제를 결정했다고 보는 편이 합리적이다. 이유야 어찌 되었든 우리나라 우주 분야가 확실히 한 단계 도약할 수 있는 천재일우의 기회를 맞이한 셈이다. 북한은 한미 미사일 지침 해제가 고의적인 대북 적대 정책이라며 미국과 한국을 싸잡아 비난했다.

2021년 5월, 나사의 유인 달 탐사 프로젝트 아르테미스 미션에 참여하기 위한 약정서에 우리나라 과학기술정보통신부 장관이 서명하면서 다시 한번 사람을 달로 보내는 유인 달 탐사 국제 협력 프로젝트에 우리나라도 공식적으로 뛰어들었다. 2022년 8월에는 나사와 협력하여 한국형 달 궤도선 다누리를 발사했다. 또한 한국형 위성항법 시스템KPS을 위한 위성 사업을 시작한다. 이 밖에 국방과학연구소를 중심으로 고체 발사체 개발과 민간 발사장 구축 등을 계획하고 있다.

국가우주위원회는 한미 정상회담의 성과를 구체적으로 현장에서 실현하기 위해 '제3차 우주개발진흥 기본계획 수정안'을 심의, 확정했다. 심의 내용에는 2024년까지 고체연료에 기반한 소형 발사체 개발과 발사를 추진한다는 전략이 포함되어 있다. 또한 '초소형위성 개발 로드맵'과 6G 시대를 준비하는 '위성통신 기술 발전 전략'도 들어 있다. 초소형위성은 작은 위성 여러 대를 군집으로 운용하면서 같은 지점을 더 짧은 주기로 재방문할 수 있고, 단기간에 저비용으로 개발할 수 있는 등의 장점 때문에 현재 우주산업에서 가장 많은 관심을 받고 있다. 지금까지 공공의 영역이었던 우주가 이제 민간이 주도하는 뉴스페이스로 진입하고 있다. 한미 미사일 지침 해제 덕분에 우리나라 우주 탐사의 큰 장애물이 제거되었으니, 민간의 참여를 견인할 수 있는 적극적인 정책 지원이 필요하다. 바야흐로 우리나라도 화성, 소행성 등의 심우주 탐사를 대비할 준비가 된 것이다.

## 우리나라의 우주산업, K-스페이스 시대

한미 미사일 지침이 해제되었으니 우리나라도 고체연료를 사용하여 소형위성들을 우주로 보내는 소형 발사체도 만들 수 있다.

소형위성은 상업화로 연결하는 데 유리한 점이 많다. 제작에 필요한 인력과 비용이 적게 들기 때문에 짧은 기간 안에 만들 수 있고, 위성 여러 기를 한꺼번에 만들 수도 있다. 소형위성은 소형 발사체로도 우주에 보낼 수 있다. 지금까지는 소형위성도 대형 발사체를 이용해야 했기에, 대형 발사체의 탑재 중량이 모두 채워질 때까지 발사 시기를 기다려야 했다. 중대형위성들이 모두 탑재될 때까지 하염없이 기다려야 했기 때문에 비행 모델이 발사장에서 긴 시간을 보낼 때가 많았다. 이렇게 기다리는 동안 우리가 만든 소형/초소형위성 탑재체들의 성능에 문제가 생기지 않는다고 장담할 수 없는 경우도 많았다. 소형 발사체를 이용하면 손님이 모두 타기를 기다릴 필요 없이 작은 위성들도 원하는 시기에 우주로 나갈 수 있다. 소형 발사체는 발사 비용이 저렴해서 같은 예산으로 여러 번 위성을 발사할 수 있다. 기업 입장에서는 적은 비용으로 다양하게 시도하고 도전해볼 수 있는 소형위성, 소형 발사체가 그야말로 기회가 될 수 있다. 우리나라가 소형위성을 우주로 수송하는 능력까지 갖춘다면 우주산업 강대국에 한 걸음 더 가까워질 것이다.

현재의 계획대로라면, 국내 유일의 우주발사장 나로우주센터 안에 민간 기업이 사용할 수 있는 고체 발사체 발사장을 2024년까지 추가로 구축할 예정이다. 액체 발사체와 고체 발사체에 필요한 주변 장비가 달라서 누리호 맞춤으로 설계된 발사대에서는 고체 발사체를 바로 발사하기가 어렵기 때문이다. 이 발사장이 완성되면 우리나라도 언제든 로켓을 발사할 수 있을 것이다. 민간 우주발사장이 신설되면 민간 기업이 우주개발을 주도하는 K-스페이스 시대를 본격화할 수 있다.

일본도 얼마 전에 우주산업을 경제성장의 주요 동력으로 명시한 국가경제성장 전략을 발표했다. 예산을 적극 투입하고 제도를 개선하여 현재 12조 원 규모인 우주산업을 2030년까지 2배 이상으로 키운다는 목표도 세웠다. 여기에는 민간과 연계한 다수의 소형위성군 구축, 미래 우주발사체(소형, 재사용) 연구개발, 신규 발사장 구축 사업 등이 포함되어 있다. 일본이 아시아 우주산업의 거점이 되고자 한다면 우리나라 우주산업과의 경쟁이 불가피할 것이다. 그동안 우리나라 우주산업은 국제 경쟁력을 갖추기에는 시간과 지원이 부족했던 것이 사실이다.

하지만 우리나라 기술로 만든 한국형 발사체 누리호가 발사에 성공하면서 정부도 적극적인 지원을 약속하고 있다. 전략적이고 장기적인 계획을 세워서 제대로 실행하면 우주산업이 도약할 수 있는 임계 국면이 눈앞에 있다.

# 한국형 발사체 누리호

2022년 6월 21일 한국형 발사체 누리호가 두 번째 시험 발사에 도전했고, 마침내 성공했다. 2021년 10월 21일 처음으로 누리호를 시험 발사했는데, 목표 궤도까지는 올라갔지만 위성 모사체를 궤도에 올려놓지는 못했다. 1년 후 두 번째 도전에서는 인공위성을 700km의 지구 저궤도에 올리는 데 성공했다. 이번에는 인공위성을 5기나 실어 보냈다. 1기는 발사체가 인공위성을 궤도에 올리는 데 필요한 위성 투입 성능을 확인하는 성능검증위성이고, 4기는 4개 대학 팀이 개발한 초소형 위성(큐브위성)이다. 이 팀들은 2019년에 열린 큐브위성 경연대회에서 최종 임무 팀으로 선정되어 누리호에 위성을 실을 기회를 얻었다.

우리나라 발사체로, 우리나라 인공위성을, 우리나라 땅에서 발사하는 것을 '우주 주권을 갖는다'라고 말한다. 지금까지 우리나라는 우주 주권이 없었다. 그렇지만 누리호 발사에 성공하면서 드디어 우주 주권을 확보하게 되었다. 첫 번째 발사 대상이 대학에서 만든 위성들이었다. 아직까지 우리나라에는 대학 팀이 만든 큐브위성이 임무에 성공한 예가 없었다.

큐브위성은 대학이 위성 제작 인력을 양성하는 동시에 학생들이 위성에 대한 실무 경험을 쌓는 계기가 되었다. 하지만 그동안 학생들이 만든 큐브위성이 한 번도 임무에 성공하지 못한 원인을 파악할 필요가 있다. 특정 발사 시점에 맞춰 진행하는 큐브위성 경연대회에서 선정되었기에, 반드시 검증해야 하는 많은 지상 시험 절차들을 지키기에는 시간이 부족했던 것도 원인 중 하나다. 위성을 개발하다 보면 언제든 일정이 지연될 가능성이 있는데도 발사 일정에만 맞춰 제작을 끝내면 필수적인 지상 시험을 제대로 하기 어렵다. 또한 예산이 빠듯하여 우주급 부품을 사용하지 못하고 상용급 부품을 사용해야 하는 상황도 원인일 수 있다. 큐브위성 경연대회가 열리기 시작한 지 10년이 되었으니, 이제는 많은 학생의 역량이 기술적으로도 진화했을 것이다.

누리호에 탑재한 4기의 큐브위성을 살펴보자. 연세대학교에서 만든 '미먼'은 미세먼지를 관측하는 위성이다. 한반도와 주변 지역의 미세먼지 오염 분포를 관측하는 임무를 띠고 있다. 물체마다 다양한 파장의 빛이 나오는 원리를 이용해 농작물 작황이나 바다의 플랑크톤을 살펴볼 수도 있다. 카이스트에서 만든 '랑데브'는 초분광 카메라로 지구를 관측한다. 서울대학교에서 만든 '스누그라이트-2'는 GPS로 지구 대기를 관측한다. 이 위성의 목표는 날씨를 예측하고 쓰나미를 감시하는 것이다. 조선대학교에서 만든 '스텝큐브랩-2'는 가시광선과 적외선을 이용해 한반도 주변에서 일어나는 열 변화를 볼 수 있다. 화산이 폭발할 위험성이 제기된 백두산 천지를 감시하고 산불과 잠수함을 탐지하며 원자력발전소 가동 여부 등을 확인할 수도 있다.

발사체를 성공적으로 발사하더라도 위성이 정상적으로 작동하는지 확인하려면 8일에서 14일 정도가 필요하다. 누리호에 실린 성능검증위성은 목표 궤도에 안착한 후 이틀 간격으로 4기의 큐브위성을 내놓았다. 각 대학에서 만든 지상국이 이 위성들과 정상적으로 통신해야 비로소 위성을 본격적으로 운용할 수 있다. 성능검증위성과 지상국의 첫 번째 교신은 발사 43분 후 남극 세종기지에서 성공적으로 이루어졌다.

누리호를 통해 우주 수송 능력을 확보하는 것은 물론 중요한 일이다. 하지만 무엇보다도 우리가 우주로 나가는 목적을 잊지 말아야 한다. 인공위성은 그 목적을 달성해준다. 누리호 발사에 성공함으로써 이제 겨우 우리나라는 지구 저궤도에 우리 인공위성을 올려놓을 수단을 갖추었다. 우리나라가 우주로 나아가는 길이 막 열린 셈이다.

# 화성 탐사 레이스

2021년에 아랍에미리트<sup>UAE</sup>와 중국, 미국이 쏘아 올린 화성 탐사선이 연달아 화성에 도착했다. 아랍에미리트의 화성 탐사선 아말(아랍어로 희망이라는 뜻)은 2021년 2월 10일 화성 궤도에 진입했다. 아랍에미리트는 미국, 러시아, 유럽, 인도에 이어 세계에서 다섯 번째로 화성에 도착한 나라가 됐다. 아말이 화성 궤도에 안착하자 두바이의 세계 최고층 빌딩에는 거대한 LED 영어 문장이 펼쳐졌다.

"Impossible is possible. (불가능은 가능하다.)"

우주기술 불모지였던 아랍에미리트는 단기간에 달 탐사를 건너뛰고 바로 화성 탐사에 도전했다는 점에서 세계의 주목을 받고 있다. 건국 50주년인 2021년 2월에 탐사선을 화성 궤도에 진입시킨 아랍에미리트는 2100년대에 화성 이주를 추진하려고 하는 등 전 세계에서 가장 파격적인 우주 탐사를 실행하고 있다. 이러한 성공은 우리에게 시사하는 바가 매우 크다. 아랍에미리트의 화성 탐사의 발판이 된 것이 바로 우리나라였기 때문이다.

아랍에미리트는 첫 인공위성 두바이샛 1호와 2호를 우리나라 민간 기업인 ㈜쎄트렉아이를 통해 개발했다. ㈜쎄트렉아이는 우리별 1호를 만든 인공위성연구소의 연구원들이 독립해서 만든 민간 우주기업이다. 아랍에미리트는 2006년부터 두바이샛 1호를 우리나라와 함께 개발하며 우주기술을 축적했고 2014년부터 아말 프로젝트를 시작했다. 아말의 핵심 인력은 대부분 2006년의 두바이샛부터 함께한 엔지니어들이다.

재미있는 점은 여러 나라의 화성 탐사선이 화성에 도착한 시기가 비슷하다는 것이다. 중국의 톈원 1호도 아말에 이어 화성에 도착했다. 나사의 로버 퍼서비어런스도 화성 표면의 예제로 크레이터에 착륙했다. 화성 탐사선들의 도착 시기가 이렇게 비슷한 이유는 비슷한 시기에 지구에서 출발했기 때문이다. 화성과 지구는 대략 2년에 한 번씩 가장 가까워지는데, 이 시기에 맞춰서 발사해야 시간과 연료를 줄일 수 있다. 화성으로 가는 문이 열리는 시기에 단체로 출발하고, 단체로 도착한 것이다.

'우리나라보다 우주개발이 한참 늦은 아랍에미리트도 화성에 가는데, 우리는 왜 못 가고 있을까.' '우리나라와 중국의 우주기술 격차는 어느 정도인가.' 우주를 연구하고 위성을 만드는 과학자로서 이런 질문을 받을 때마다 사실 마음 한켠이 답답해진다. 국가가 전폭적으로 지원한다면 왜 화성에 못 가겠는가. 국가 최고 지도자의 관심과 격려가 때로는 불가능을 가능으로 만든다. 굳이 비교해보자면 인력, 예산, 인프라, 민간 우주기업 등 모든 면에서 우리나라와 우주 선진국들의 격차는 다윗과 골리앗보다 심하다. 나사의 연구 인력은 1만 7,000여 명이지만 우리나라 한국항공우주연구원은 910명으로 5% 수준이다. 미국의 우주개발 예산은 2017년 기준 434억 달러(56조 원)이고, 우리나라는 6,700억 원으로 1.2% 수준이다. 이 정도의 인력과 예산으로 30여 년 뒤처진 우주기술 격차를 따라잡는 것은 사실상 매우 힘들다.

하지만 이처럼 말도 안 되게 적은 인력과 예산에도 불구하고 불가능에 도전하며 새로운 우주 탐사를 꿈꾸는 과학자들이 우리나라에도 있다. 일부 우주과학자들은 소행성 아포피스 탐사를 제안하기도 했다. 2029년에 지구에 가장 가깝게 근접하는 소행성 아포피스를 탐사하려면 늦지 않게 출발해야 한다. 그러려면 우리나라의 우주 관련 기관들이 모두 힘을 모아야 할 것이다.

## 후발 주자 아랍에미리트의 도약

화성 탐사선을 성공적으로 발사한 아랍에미리트는 또다시 엄청난 계획을 준비하고 있다. 2028년에 화성과 목성 사이에 있는 소행성대에 탐사선을 발사할 계획이다. 아랍에미리트 총리는 "발전과 진보를 향한 여정에는 경계, 국경, 한계도 없기 때문에 우주를 탐사한다. 아랍에미리트가 우주에서 진일보할 때마다 지구의 젊은이들에게 기회가 생긴다. 우리는 미래 세대를 위해 투자한다"라고 말했다.

이런 도약이 놀랍고 반갑지만 한편으로는 어쩔 수 없이 부러운 마음이 든다. 아랍에미리트는 2006년에 우주센터를 설립하고, 젊고 우수한 인재들을 우리나라로 유학 보냈다. ㈜쎄트렉아이와 카이스트로 유학 왔던 똑똑한 학생들이 공부를 마치고 자국으로 돌아가 화성 탐사선 프로젝트 총괄 과학자, 첨단과학기술부 장관 겸 우주청장, 자국 최초의 위성 칼리파샛의 프로젝트 매니저가 되었다. 이들이 주축이 되어 2014년 우주청을 만들고 '아랍에미리트 화성 탐사 프로젝트'를 성공시켰다.

아랍에미리트는 자체 설계를 적용한 첫 위성을 성공시킨 지 3년 만에 탐사선 아말의 화성 궤도 진입까지 성공시키는 쾌거를 달성했다. 게다가 이제는 소행성 탐사까지 도전하겠다는 것이다. 미국, 러시아, 유럽, 인도에 이어 다섯 번째로 화성 탐사에 성공한 것도 놀라운데 만약 소행성 탐사까지 성공한다면 아랍에미리트는 미국, 일본에 이어 세계에서 세 번째로 소행성 탐사에 성공한 나라가 된다. 화성 탐사는 기존의 지구 관측보다 훨씬 어렵고 복잡하며, 소행성 탐사를 하려면 화성 탐사보다 더 복잡한 기술들을 구현해야 한다. 예를 들면 움직이는 소행성에 접근하여 동행 비행하는 랑데부 기술 등이다. 하지만 기존 기술의 한계를 넘어서는 도전적인 목표를 추구해야 소행성 탐사를 할 수 있다.

이쯤에서 우리가 위성 기술을 전수한 아랍에미리트가 단기간에 성공적으로 도약한 요인과 전략을 살펴볼 필요가 있다. 우주 탐사 국가 중에서도 한참 후발 주자인 아랍에미리트의 첫 번째 전략은 국제 협력이다. 후발 주자에게 기술과 경험을 나누어줄 수 있는 충실한 파트너를 구하는 것이다. 아랍에미리트는 우리나라뿐 아니라 미국 콜로라도대학교, 애리조나주립대학교와 협력해 핵심 기술들을 확보하면서 외연을 넓히는 전략을 구사했다. 콜로라도대학교 대기우주물리학연구소LASP는 우주 탐사선과 탑재체 제작 분야에서 70여 년 이상의 경험을 축적한 곳이다.

아랍에미리트의 두 번째 전략은 민간 우주기업 활성화를 위한 적극적인 투자 지원이다. 아랍에미리트는 자국의 민간 우주기업과 우주 분야 인재를 육성하는 데 사활을 걸고 있다.

## 미래를 위한 우주 탐사

우주 탐사는 나라의 과학기술 역량을 총집결해야 실현할 수 있는 분야다. 우주 탐사 임무는 새로운 지식에 대한 도전이자, 세상에 없던 길을 만들어내야 하는 탐험이다. 미지의 영역인 우주를 탐사하는 일은, 우리 행성 주변의 다른 천체를 과학적으로 이해하는 길일 뿐만 아니라, 우리 국민과 미래 세대에게 우주에 대한 열망을 심어주고 나라에 대한 자긍심을 드높이는 가장 확실한 길이다.

최근 우리나라 정부도 우주산업을 활성화하기 위해 다양한 정책을 준비하고 있다. 우리나라도 위성을 개발하는 민간 산업체가 우주산업에 지속적으로 참여하여 인력 누수를 방지하고 개발 역량을 확보할 수 있도록 공공 우주개발 수요를 안정적으로 유지해야 한다. 발사체 업체가 국제 발사 시장에 진출할 수 있도록 민간 전용 고체 발사체 발사장과 성능 시험장을 신속하게 구축할 필요도 있다. 동시에 우주 전문 인력을 체계적으로 양성하여 민간 우주산업체가 적기에 인력을 활용할 수 있어야 한다. 우주산업을 활성화하는 데 필요한 지원 방안을 장기적 관점과 단기점 관점에서 검토하고 먼저 실행할 수 있는 것부터 신속하게 실천해야 한다. 법과 정책이 모두 결정된 후에는 우리 민간 산업체들이 국제 경쟁력을 갖추기에 너무 늦을지도 모른다. 우주 탐사는 결국 미래 세대를 위한 투자다. 지금 시작하지 않으면 정말 너무 늦을지도 모른다.

# 참고 문헌

## 국내 단행본

《인공위성시스템 설계공학》, 장영근·이동호, 경문사, 1997
《우주 과학의 제문제》 김상준 외, 민음사, 1998
《우주 환경 물리학》 안병호, 시그마프레스, 2000
《태양-지구계 우주환경》 안병호, 시그마프레스, 2009
《우주날씨 이야기》 황정아, 플루토, 2019
《푸른 빛의 도약, 우주》 황정아, 이다북스, 2022

## 해외 단행본

《Physics of Space plasmas》 George K. Parks, Westview, 2004
《Introduction to Space physics》 Margaret G. Kivelson & Christopher T. Russell, Cambidge University Press, 1995
《Basic Space Plasma Physics》 Wolfgang Baumjohan & Rudolf A Treumann, Imperial College Press, 1996

## 국내 논문

〈과학위성 1호의 우주 플라즈마 관측 시스템〉, 황정아·이재진·이대희·이진근·김희준·박재흥·민경욱·신영훈, 천문학논총, 2000
〈지구정지궤도 위성의 오동작 사례를 통해 본 우주 환경 영향 분석〉 이재진·황정아·봉수찬·최호성·조일현·조경석·박영득, 우주과학회지, 2009
〈보현산 지자기 측정기를 활용한 중위도 지역의 지자기 변화 연구〉 황정아·최규철·이재진·박영득·하동훈, 우주과학회지, 2011
〈고려 시대 흑점과 오로라 기록에 보이는 태양 활동 주기〉 양홍진·박창범·박명구, 천문학논총, 1998

## 해외 논문

〈How are storm time injections different from nonstorm time injections?〉 D. Y. Lee, J. A. Hwang, E. S. Lee, K. W. Min, W. Y. Han, U. W. Nam, Journal of Atmospheric and Solar-Terrestrial Physics, 2004
〈A case study to determine the relationship of relativistic electron events to substorm injections and ULF power〉 Junga Hwang, Kyoung Wook Min, Ensang Lee, China Lee, and Dae Young Lee, Geophysical Research Letters, 2004
〈Energy spectra of ~170 - 360 keV electron microbursts measured by the Korean STSAT-1〉 J. J. Lee, G. K. Parks, K. W. Min, H. J. Kim, J. Park, J. Hwang, M. P. McCarthy, E. Lee, K. S. Ryu, J. T. Lim, E. S. Sim, H. W. Lee, K. I. Kang, and H. Y. Park, Geophysical Research Letters, 2005

〈Relativistic electron dropouts by pitch angle scattering in the geomagnetic tail〉 J. J. Lee, G. K. Parks, K. W. Min, M. P. McCarthy, E. S. Lee, H. J. Kim, J. H. Park, and J. A. Hwang, Annales Geophyscae, 2006

〈Statistical significance of association between whistler-mode chorus enhancements and enhanced convection periods during high-speed streams〉 J. Hwang, D. Lee, L. Lyons, A. Smith, S. Zou, K. D. Min, K. Kim, Y. Moon, and Y. Park, Journal of Geophysical Research, 2007

〈Analysis of the Correlations between the Occurrence of Substorm Injections and Interplanetary Parameters during the Declining Phase of Solar Cycle 23〉 Junga Hwang, Khan-Hyuk Kim, Kyoung-Suk Cho and Young-Deuk Park, Journal of the Korean Physical Society, 2008

〈Solar-wind - magnetosphere coupling, including relativistic electron energization, during high-speed streams〉 L. R. Lyons, D. Y. Lee, H. J. Kim, J. A. Hwang, R. M. Thorne, R. B. Horne, A. J. Smith, Journal of Atmospheric and Solar-Terrestrial Physics, 2009

〈Solar proton events during the solar cycle 23 and their association with CME parameters〉 Junga Hwang, Kyung-Suk Cho, Young-Jae Moon, Rok-Soon Kim, Young-Deuk Park, Acta Astronautica, 2010

〈Non-stormtime injection of energetic particles into the slot-region between Earth's inner and outer electron radiation belts as observed by STSAT-1 and NOAA-POES〉 J. Park, K. W. Min, D. Summers, J. Hwang, H. J. Kim, R. B. Horne, P. Kirsch, K. Yumoto, T. Uozumi, H. Luhr, and J. Green, Geophysical Research Letters, 2010

〈Characteristics of Ground Level Enhancement associated Solar Flare, Coronal Mass Ejection and Solar Energetic Particle〉 Kazi Firoz, Kyung-Suk Cho, Junga Hwang, Phani Kumar, Jaejin Lee, Su-Yeon Oh, Kaushik Subash, Karel Kudela, Milan Rybansk, Lev I. Dorman, Journal of Geophysical Research, 2011

〈On the relationship between ground level enhancement and solar flare〉 K. A. Firoz, Y. J. Moon, K. S. Cho, J. Hwang, Y. D. Park, K. Kudela, and L. I. Dorman, Journal of Geophysical Research, 2011

〈Relationship of ground level enhancements with solar, interplanetary and geophysical parameters〉 K. A. Firoz, J. Hwang, I. Dorotovic, T. Pinter, and Subhash C. Kaushik, Astrophysics and Space Science, 2011

〈MEASUREMENT OF COSMIC-RAY NEUTRON DOSE ONBOARD A POLAR ROUTE FLIGHT FROM NEW YORK TO SEOUL〉 Hiroshi Yasuda, Jaejin Lee, Kazuaki Yajima, Junga Hwang and Kazuo Sakai, Radiation Protection Dosimetry, 2011

〈FUV spectrum in the polar region during slightly disturbed geomagnetic conditions〉 C. N. Lee, K. W. Min, J.-J. Lee, J. A. Hwang, J. Park, J. Edelstein, and W. Han, Journal of Geophysical Research, 2011

인공위성 만드는 물리학자 황정아 박사의

# 우주미션 이야기

1판 1쇄 발행 | 2022년 9월 22일
1판 4쇄 발행 | 2024년 11월 12일

지은이 | 황정아
펴낸이 | 박남주
편집자 | 박지연
펴낸곳 | 플루토
출판등록 | 2014년 9월 11일 제2014-61호
주소 | 07803 서울특별시 강서구 마곡동 797 에이스타워마곡 1204호
전화 | 070-4234-5134
팩스 | 0303-3441-5134
전자우편 | theplutobooker@gmail.com

ISBN 979-11-88569-38-0 03440